西安咸阳国际机场三期扩建工程T5航站楼及综合交通中心

人文机场研究与西安实践

杨 鸥 安 军 林 宾 编著

中国建筑工业出版社

《人文机场研究与西安实践》
编委会

主　编：杨　鸥　安　军　林　宾

参编人员：吴冠宇　石娟花　王　刚　李晨辉　杨　帅　陈　静
　　　　　张昕越　费泽华　缪家鑫　于　芳　李　莉　王　舒
　　　　　杜东林　马亚威　李鹤飞　张栩诚　第五博　刘月超

主编单位：西部机场集团有限公司　机场建设指挥部
　　　　　中国建筑西北设计研究院有限公司　机场设计研究中心

参编单位：西安建筑科技大学

序 言

张锦秋

中国工程院首批院士

首批中国工程建设设计大师

中国建筑西北设计研究院总建筑师

首届梁思成建筑奖获得者

何梁何利基金科学与技术成就奖

陕西省科学与技术最高成就奖

西安市科学技术杰出贡献奖获得者

2015 年国际编号为 210232 的小行星被命名为"张锦秋星"

2022 年中国城市规划学会授予终身成就奖

航空器的发展是人类高科技文明的智慧与结晶。自第二次世界大战以来，民用航空业得以蓬勃发展，航站楼作为世界各地对外交通的空中门户，承担着展示科技实力与文化的社会责任。航站楼在满足基本交通功能之外，更是一座城市文化赋能的建筑。航站楼的建筑创作是时代文化风格的象征。罗埃·沙里宁设计的华盛顿杜勒斯国际机场候机厅、肯尼迪国际机场环球航空公司候机楼，展现当时结构技术与艺术的高度融合。航站楼的建筑创作也是地方性文化的表达。令人印象深刻的美国丹佛国际机场张拉式膜结构建成的帐篷式屋盖，唤起人们对落基山脉与印第安人帐篷的想象，体现了高科技与原始智慧碰撞激发出的创造力；新加坡樟宜机场将"花园城市"理念渗透到航站楼，城市功能的融入打破了航站楼单一的功能边界，创造了集购物休闲、住宿餐饮、景观花园等多功能于一体的交通综合体。同时，全球化带来的城市同质化越来越引发建筑创作的反思。雷姆·库哈斯在《广普城市》一文中认为，当代机场的趋同是城市变得越来越"普通"中最典型的案例。

面临新时代，西安咸阳国际机场三期扩建工程 T5 航站楼的建筑创作积极响应《中国民航四型机场建设行动纲要（2020—2035 年）》的要求，着力建设人文机场。人文机场建设要体现人文关怀，提升服务质量；要传递地域文化特色，服务地方经济社会发展。这本书是西安咸阳国际机场三期扩建工程 T5 航站楼打造四型机场的人文篇。它以丰富多彩的内容与形式展现了设计建设中的人文理念与人性关怀。这不是简单的工程总结，而是以中国建筑西北设计研究院（以下简称中建西北院）总建筑师安军为代表的设计团队，深耕机场设计领域 25 年创作经验的思考。在规划设计阶段，他们坚持功能优先、效率优先的理念，注重建筑空间的感受、流程组织及服务体验的协同发展。同时，他们也认定在西安这座千年古都建设的重要机场必须是华夏文明的展示场，要讲好中国故事、陕西故事、西安故事、民航故事。

从 20 世纪 80 年代的西安咸阳机场 T1 航站楼建设开始，中建西北院的机场设计团队先后参与了 T2、T3 以及 T5 航站楼设计。他们坚持本土创作，潜心研究机场先进工艺与技术，推进现代技术和传统文化的交流和融通，打造"有温度、有灵魂"的现代化机场，实现西安独特的文化价值和人文理念。西安咸阳国际机场以往历次扩建的一系列航空建筑，体现出"华夏故都，盛世长安"的城市精神与"如鸟斯革，如翚斯飞"的意匠。即将投入使用的 T5 航站楼从规划到单体，也以宏大叙事的视角，更为独特地展现古城西安方正纵横、九宫格局的空间形态和城市文脉；更深层次地提炼文化内涵与人文精神。历经 9 年时间设计建设完成的这座"长安盛殿，丝路新港；汉唐风韵，城市华章"的航站楼，是西部机场集团和中建西北院精诚合作，为西安市奉献的重要新地标。

祝贺同时为之序！

张锦秋

2024.12.4

前　言

进入新世纪的第三个十年，在全球化进程加快与传统文化复兴并存的时代大背景下，民用机场逐步从基础功能保障走向多元化发展。与此同时，世界各国机场也面临着如何应对时代发展、全面提升航站楼建筑文化内涵与人文关怀的新问题，机场航站楼发展也"从外向内看、从大向小看"，即从追逐建筑外观的新、奇、多变转向重视建筑空间的地域性和舒适性，从追逐建筑大体量、高空间转向关注旅客多元化、个性化的出行诉求。因此"现代"不再是航站楼的代名词，打造"文化彰显"与"人文关怀"并重的新时代"人文机场"将成为新时代民航业发展的命题。

民用机场航站楼是 20 世纪诞生的新建筑类型。从诞生到现在不足百年，航站楼从最初功能单一，没有特定风格的交通转换建筑发展到现在有独立建筑体系、完整功能空间的综合性交通建筑，其发展速度之快，影响之大让世人惊奇。回顾机场航站楼的发展历程，其大致经历了萌芽期、成熟期及多元化探索期三个阶段。

从 20 世纪早期的英国克罗伊登机场开始，机场进入现代航站楼建筑的萌芽期：伴随着商用航班的出现及现代主义思潮的影响，机场建筑在概念与形式上产生了新的要求，机场航站楼的功能也愈趋丰富，其中最具代表性的英国盖特威克机场第一次出现航空、铁路及公路联运的特征，显现出枢纽机场的雏形，这一阶段的航站楼主要以实现基本航空服务为主，功能还有待完善；随着第二次世界大战后期航空工业取得巨大进步，航站楼发展进入成熟期：华盛顿杜勒斯机场航站楼的出现，标志着航站楼建设呈现出功能更为完备、机位尺寸更大、空间更为完整的成熟特征；随着第三次科技革命的发展，20 世纪50、60 年代开始，世界各地进入航站楼发展的多元化探索期：此时出现了一大批以纽约肯尼迪机场、伦敦希思罗机场、法国戴高乐机场为代表的风格、构型、结构、空间各异的现代航站楼建筑。这一时期，飞机架次增多、机型变大、客流量激增、人们对服务的种类与要求越来越多，求大、求新、求奇成为这一时期的关键词，原来单一交通职能的航站楼也已成为与文化和商业相结合的综合交通建筑。

与此同时，我国机场航站楼的发展历程大致经历了四个阶段，前期较为缓慢，后期则发展迅猛。其中 20 世纪 40、50 年代至 70 年代是萌芽发展期。随着中华人民共和国的成立，我国民用航空逐步恢复，航站楼建设也慢慢复苏，建成了北京首都机场航站楼、西安西关机场航站楼等为代表的机场建筑，这一时期的航站楼功能相对简单，主要满足旅客候机、登机等基本需求；20 世纪 70 年代末到 20 世纪 90 年代初是成熟时期。改革开放拉开帷幕，国家工作重点转向经济建设，建筑新技术、新材料的应用为航站楼建设注入新的活力，这一时期航站楼的变化主要体现在建筑规模、建筑风格、旅客流线等方面；20 世纪 90 年代至 21 世纪的第一个十年是跨越发展期。我国民航业驶入发展的快车道，以北京首都机场 T3 航站楼和上海虹桥机场T2 航站楼为例，这一时期航站楼逐渐呈现构型多样化、交通集约化以及综合交通枢纽的引入；21世纪的第二个十年至今是多元化发展期。随着城市机场逐步向机场城市的转变，空港都市化背景下机场建设将包括交通、贸易、娱乐、办公、休闲等复合型功能，航站楼的建设规模将更大，功能业态也更加丰富。

纵观国内外航站楼建筑的发展脉络，每一次发展变革的关键时期，总是伴随着社会需求的发展与生产力进步等外界因素的影响。时至今日，世界多极化趋势日渐显现，科技革命的红利进入尾声，我们越来越多地从"国际""现代"这样的词汇中跳出，探寻属于中国人自己的设计语境，实现"根植本土，守正创新"。同时，机场建设开始从关注出行效率与安全转为也要更多地关注旅客的出行体验，在满足产品或服务功能需求的同时，更加注重人的心理和情感诉求。因此本土文化与人文关怀的彰显将成为新时期的时代命题。

重新审视航站楼的发展，人文属性将是未来机场发展的全新使命。在这个新的历史转折期，西安咸阳国际机场三期扩建工程是一次全方位的人文机场研究探索与建设实践，聚焦多样态的文化展示和以人为本的全过程服务。在"文化彰显"方面，坚定文化自信。T5航站楼的设计形式从迎合他人的视觉感官转变为彰显自身文化，在航站楼设计中重新塑造本土文化的话语权，建设具有深刻文化内涵的航空建筑；在"人文关怀"方面，将注重旅客体验放在首位。全方位介入人性化设计理念，打造便捷高效的流程流线，营造舒适健康的空间环境，注重科学化、人本化的服务设施设计。力求创造一个服务更具温情、文化特色更鲜明、旅客流程更便捷、运行更顺畅高效的具备全过程体验的 T5 航站楼建筑空间。

一直以来，西部机场集团高度重视人文机场建设工作。2016 年，西安咸阳国际机场三期扩建工程启动之初，便提出了人文机场建设的目标，从文化彰显和人文关怀两个层面，系统性阐述了人文机场的概念内涵、建设原则、建设思考及建设思路，得到广泛认可，并融入《四型机场建设导则》当中。在航站楼建筑方案设计中，中国建筑西北设计研究院设计师们在继承和汲取西安地域文化和城市文脉的基础上，以"长安圣殿、丝路新港、汉唐风韵、城市华章"为设计理念，持续推进人文机场建设理念实施落地。在此，我们也非常感谢上海市政工程设计研究总院（集团）有限公司、兰德隆与布朗交通技术咨询有限公司、民航机场成都电子工程设计有限责任公司、中国建筑设计研究院有限公司等单位在本书编写中给予的大力支持。本书从《四型机场建设导则》而来，围绕人文机场建设中的理念、形象、空间、服务四个系统的建设内容展开，不仅从航站楼的发展历程定义了当前机场本土文化与人性化建设的价值，也全方位展示了西安咸阳国际机场三期扩建工程在人文机场建设方面的探索与实践，显现了当今机场建设的文化自信，同时也期望本书能够给国内人文机场建设提供些许思路和灵感。本书是我们在人文机场建设中的第一本专著，难免存在部分漏洞，如有不到之处，请广大读者给予指正。

目　录

第1章 绪论

上篇　文化彰显篇

第2章　统一的主题理念

第3章　独特的规划与建筑设计　　036

第4章　多样态的文化表达

下篇　人文关怀篇

第5章　便捷高效的功能规划

第6章　舒适健康的空间环境

第 8 章 丰富多元的服务产品

第1章　绪论

机场是通往世界的门户，是一个城市现代文明的窗口，不仅聚合着航空服务的特性，也散发着城市的文化气息，代表着城市的精神面貌，是城市不可分割的组成部分。因此，从某种意义上讲，机场已经不仅仅是旅客旅行的起点和终点，也是文化、思想的交汇点，在此背景下，人文机场的概念应运而生。

1.1　概念核心

1.1.1　人文

"人文"最早出现在《易经》中，《易经》的《贲卦》讲："刚柔交错，天文也。文明以止，人文也。观乎天文以察时变，观乎人文以化成天下。"后来，很多学者和著作都对"人文"作过解释，北宋著名理学家程颐在《伊川易传》注释道："人文，人理之伦序，观人文以教化天下，天下成其礼俗，乃圣人用贲之道也。"《北齐书·文苑传序》："圣达立言，化成天下，人文也。"因此从这个层面讲，人文就是通过礼乐教化，从根本上实现"止于至善"的目标，实现人与人的友爱相处、人与自然的和谐共生、人类社会的可持续发展。

人文是一个动态概念。《辞海》对"人文"作出解释：人文指人类社会的各种文化现象，从广义上讲，人文就是人类文化中各类先进的、科学的、健康的、优秀的文化总和，包括先进的价值观及行为规范。从根本上来讲，人文集中体现的就是重视人的文化，即尊重人的生命，保障人的权益，关注人的情感，满足人的向往和支持人的成长（图1-1）。其中，尊重人的生命，就是要坚持人道主义原则，尽可能减少影响人身安全、健康的风险因素，打通生命优先的绿色通道，全力为人的生命健康保驾护航；保障人的权益，就是要保障各类人群的合法权益不受侵害，同时重点保障社会各类特殊人群、优抚群体的自主安全通行和优先通行权益；关注人的情感，就是要关注人在不同场合下的情感诉求，强调真情传递，引发情感共鸣，创造生命感动；满足人的向往，就是要丰富社会公共产品供给，充分满足社会大众对美好生活的向往；支持人的成长，就是要提供各类平台，满足人们增长才干、拓宽视野、丰富阅历及实现自我价值的需要。

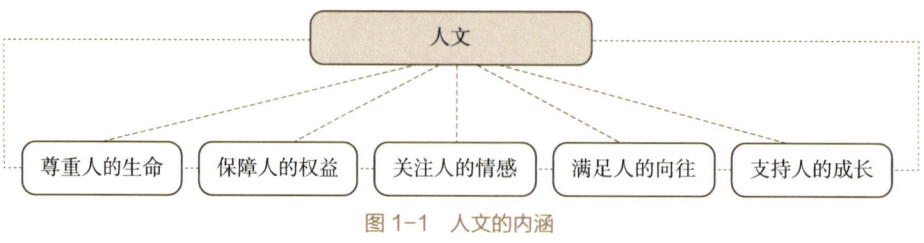

图1-1　人文的内涵

1.1.2　人文机场

对于机场来讲，人是建设人文机场的核心，这里的"人"不仅包含旅客，还包括员工、机场周边社区居民等。人文机场就是秉持以人为本，富有文化底蕴，体现时代精神和当代民航精神，弘扬社会主义核心价值观的机场[①]。

人文机场起于理念，止于体验，因此人文机场建设必须回归到重视人、尊重人、关心人、爱护人的本质上（图1-2），即在机场的全用户活动范围内，坚持以人为本，围绕旅客中心，突出地方特色，强化人文体验，着力打造便捷高效的航空出行基本服务，注重配套商贸、物流、文化、健康等高质量产品的综合供给，最终使机场可以满足社会不同群体的需求。具体来讲，人文机场的内涵包括两个方面：

---

① 《中国民航四型机场建设行动纲要（2020—2035年）》。

人文机场建设要体现人文关怀，提升服务品质。个性化服务展现着尊重和满足个体需求的真意，是坚持以人为本的具体体现。当今时代，服务理念正在发生深刻变化。千"场"一面的机场服务，已经无法满足旅客需求，人文机场建设需要在规划、建设、运营的不同阶段注入多元的文化内涵和服务特质，凭借独具特色、各具魅力的服务产品，让旅客出行更加快捷，体验更加舒适，能够更好满足人民群众日益增长的高品质出行需求，提升机场的旅客满意度和品牌价值。

人文机场建设要传递地域文化特色，服务地方经济社会发展。机场是塑造与传播地方形象的重要窗口。众所周知，在充分的市场竞争中，容易被翻版的是产品本身，而难以模仿的是品牌及其附着的文化特质。人文机场建设要注重特色文化的表达与传递，通过建筑外观、内部装饰、服务品牌等多元化表达载体，打造文化场景，营造文化氛围，传递文化内涵，将航站楼打造为文化展示和文化推广的平台，让旅客能够切身感受到凝结在建筑之内、流淌在设施之间的人文内涵和文明价值。

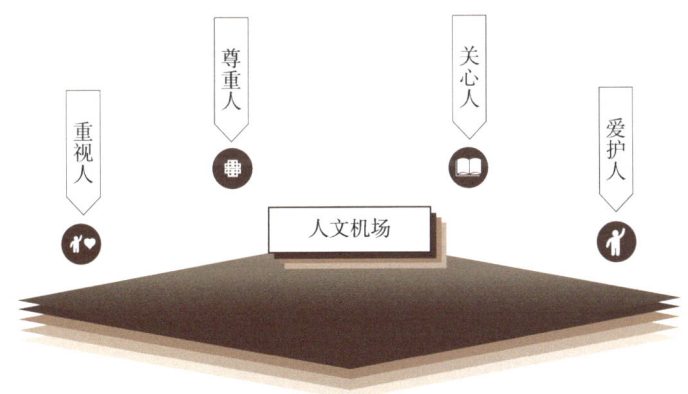

图 1-2　人文机场的本质

1.2　建设现状

面对日益多元化的交通出行方式，旅客对交通出行工具选择的考量因素不再局限于时间成本、经济成本，便捷、舒适、多元的服务体验已经成为提升旅客满意和机场核心竞争力的有效途径，因此服务软实力也成为机场日益重视的要素，而人文机场正是提升机场核心竞争力的一个较新的概念和方式。如今，人文机场建设已经成为全行业共识，国内外机场在公共文化空间打造、公共文化产品供给等方面进行了大量有益尝试，提供了可供参考的经验。

1.2.1　公共文化空间打造

在建筑设计中，文化空间建设是一项至关重要的工作，通过创造特色的文化氛围，建筑能够为人们提供舒适、愉悦的体验。一直以来，国内外机场都十分重视航站楼等公共交通建筑的空间氛围营造，通过建筑造型、内部装饰等多元化载体，全方位诠释和彰显文化内涵，为旅客创造欣喜的乘机体验。特别是在亚洲机场，其以现代化的设计手法，融合地方文化和创新服务，创造沉浸式的文化场景，提升机场的形象和吸引力。例如，北京大兴国际机场航站楼在古铜色屋面的映衬下，从空中俯瞰，建筑外形酷似"凤凰展翅"；同时，航站楼五个指廊末端设计了丝园、茶园、瓷园、田园及中国园五座"空中花园"，榭、廊、殿的传统古建种类与歇山顶、硬山顶、悬山顶等传统古建屋面特征几乎全部融入，为旅客提供"一步一景、人在景中、景为人生、景随人动"的观景新体验，如今北京大兴国际机场航站楼已经成为最具东方神韵的网红打卡点之一（图1-3）。另外，作为全球最佳体验机场，新加坡樟宜国际机场从规划到建筑，从商业到主题展示，无不体现人文思维的跨界融合，其中最值得一提的是机场将商场和花园结合，创造出一个以社区为中心的新型建筑——星耀樟宜（图1-4）。星耀樟宜是一座聚集航空设施、购物休闲、住宿餐饮、游乐项目、景观花园等多功能于一体的综合性建筑，以穹形玻璃屋顶和充满现代感的钢材外观设计为亮点，为本地居民提供一个顶尖的休闲娱乐场所。除此之外，厦门高崎国际机场、成都天府国际机场、台北桃园国际机场、东京羽田国际机场等都通过机场平台展示地域文化，体现人文关怀，得到广大旅客的普遍认同。

图 1-3　北京大兴国际机场航站楼造型

图 1-4　新加坡樟宜国际机场——星耀樟宜内部效果图

1.2.2　公共文化产品供给

文化产品是文化的具体表现形式，是一种特殊的商品，具有社会效益和经济效益的双重属性，优秀的文化产品能够凝聚人的精神力量，使人的心灵产生感动和震撼。当前，随着旅客对文化消费和休闲旅游需求的不断增加，机场都在不断丰富和创新文化产品的种类与形式，特别是国外机场，非常重视文化产品，建立了相对完善、多元化的文化产品供给体系，除传统的文化展览、文艺演出外，博物馆、图书馆等创新文化产品渐成趋势，成为打造文旅融合的新典范。例如韩国仁川国际机场是集文化展演、文化项目体验于一体的"超一流机场"（图1-5），其以文化元素打造体验型机场，将建设人文机场（Culture-Port）的作用发挥到极致，机场先后在航站楼内打造了韩国文化街、仁川机场博物馆、韩国传统文化中心、航空观景台等大量文化项目，并成为韩国传统文化的宣传基地；此外，还为旅客提供了王室出行表演、现场音乐表演等大量文化艺术活动，吸引大量旅客驻足。另外，荷兰阿姆斯特丹史基浦机场在文化产品建设上也有很多成果，阿姆斯特丹国立博物馆史基浦分馆是全世界第一个设在机场内的博物馆（图1-6），博物馆定期安排不同展览，紧邻展厅有博物馆纪念品销售等，同时机场还在航站楼内设置了全球首家永久性机场图书馆，旅客可以在候机过程中进入图书馆阅读学习，大大提升了机场的文化品位。此外，近年来，国内机场也相继探索推出一系列文化产品，北京大兴国际机场开设了国内首家机场文创产品专卖店——兴礼遇，先后开发了80余款具有北京大兴国际机场基因的文创产品。

图1-5 韩国仁川国际机场

图1-6 荷兰阿姆斯特丹史基浦机场博物馆

1.2.3　地面运行流程优化

人文机场建设中，单纯依靠文化氛围营造，而忽视流程流线优化，是一种本末倒置的做法。便捷、高效的地面流程是人文机场建设的重要内容，也是人文机场建设的基础。一直以来，机场都十分重视地面运行流程优化工作，特别是在北美洲、欧洲等地区，机场通过优化建筑构型设计和功能设施布局，应用仿真模拟技术，把地面运行效率作为最优先级的指标进行考量。例如作为全球最繁忙的机场之一的美国亚特兰大机场在航站楼设计中，突出"更多机位，更多航班"的目标，力求打造中转枢纽，流程规划更注重功能和实用价值，一方面采用"主楼＋一字形卫星厅"的布置模式，将2个主楼和7个卫星厅集中布置在主跑道之间，便于航空器顺畅滑行和旅客快速中转，提升了机场运行效率和服务水平；同时整合公路、轨道、捷运等多种交通方式，分设大巴车、私家车、出租车等不同车道边，形成便捷高效的综合交通换乘体系；另一方面，机场将2个主楼布置在两端，中间平行排布7个卫星厅，通过地下捷运系统和步道连接，快捷顺畅地完成主楼和卫星厅之间的快速联系，方便旅客出行，特别是中转流程非常便捷（图1-7）。同样，作为欧洲最

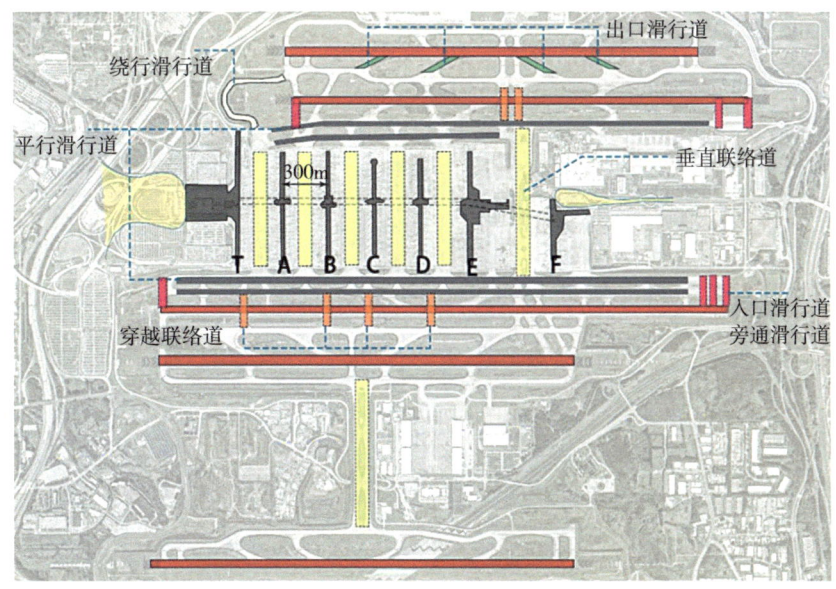

图 1-7　美国亚特兰大机场总平面布局

繁忙的国际机场，英国伦敦希思罗机场在航站楼布局上，与美国亚特兰大机场相似，采用了"多主楼＋多卫星厅"的模式，其中由T2、T3、T5航站楼组成的中央航站区，位于两条跑道中间；同时，机场采用指廊式的航站楼构型，航站楼空侧延伸出一条或多条连廊，能够提供更多的近机位。另外，机场每座航站楼前均建有停车楼，利用停车楼屋面作为航站楼车道边，通过连桥使航站楼和停车楼成为一体；采用锯齿形的车道边，有利于车辆的停泊和驶离（图1-8）。

图 1-8 英国伦敦希斯罗机场的锯齿形车道边

1.2.4 旅客服务设施配置

为了更好地满足人民群众对高品质航空出行的新需要，中国民用航空局在2021年8月启动了机场服务设施提升专项行动，旨在推动打造安全、便捷、舒适、温馨的机场服务空间环境，努力增强人民群众对机场高质量发展的获得感、幸福感、安全感。在便捷出行方面，2017年深圳宝安国际机场加入国际航空运输协会（IATA）"未来机场"项目，2018年，该机场携手华为公司，在国内民航系统率先开启全面、系统的数字化转型，先后规划建设了近百个智慧化项目，逐步形成机场安全"一张网"、运行"一张图"、服务"一条线"的新模式，运行效率、安全能力和旅客体验全面提升（图1-9）。其中，服务"一条线"是以旅客流为核心，通过线下一张脸、线上小程序等，对值机、安检、候机、登机等旅客出行各环节进行线上线下、全链条数字化改造，该模式

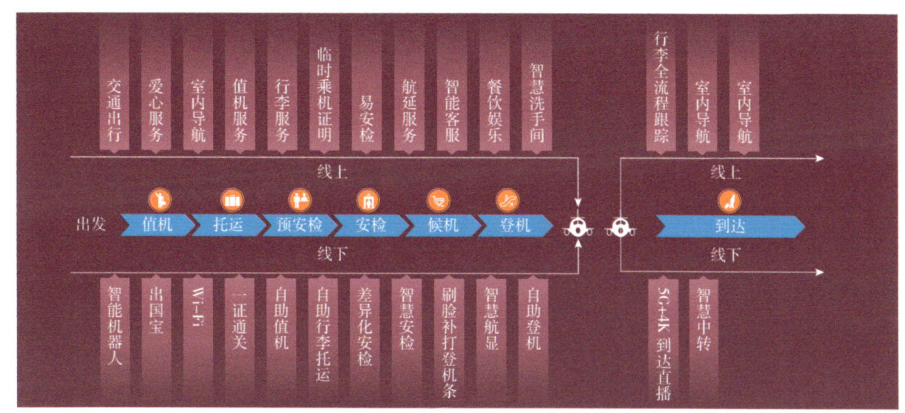

图 1-9　深圳宝安国际机场"便捷出行"全链路流程

获评国际航空运输协会"场外值机最佳支持机场"。该模式主要包括：一是打造基于人脸识别的全流程自助服务，实施刷脸自助安检验证；二是打造贴心的全方位精准服务，实现"五证合一"通关，推出差异化安检和易安检；三是推出"行李门到门"服务项目，为进出港旅客提供行李提取、送件到家服务，进一步解放旅客的双手，实现旅客乘机全程空手出行。同时，在人本化旅客服务设施方面，日本成田国际机场、羽田国际机场的细节设计可圈可点，给人留下深刻的印象，例如航站楼标识系统采用了多种语言、多种颜色区分，简单明了，非常醒目（图 1-10）；值机柜台的行李托运传送设备采用与地面相平的设计，避免了旅客托运行李时提拿的不便，极具人性化。

图 1-10　日本成田国际机场标识图

1.3 建设思考

人文机场建设是一项长期、系统的工作，不可能一蹴而就，更不能一劳永逸。结合国内外机场的典型案例，考虑人文机场建设的需要，西安咸阳国际机场三期扩建工程（简称本项目）从选取文化符号、设置文化项目、建设服务文化及形成文化产业四个方面进行系统思考（图1-11）。

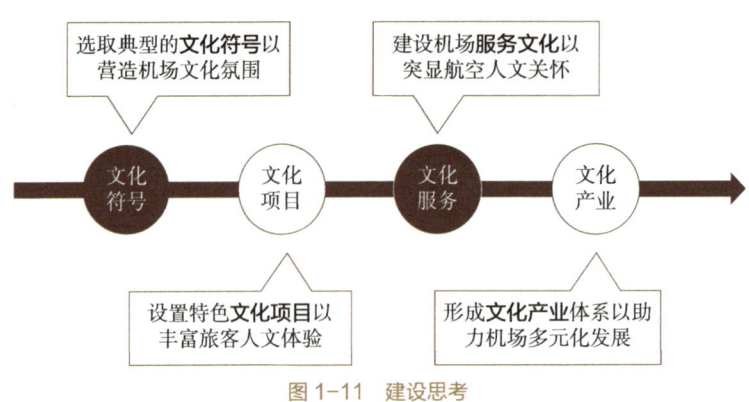

图 1-11　建设思考

1.3.1　选取典型的文化符号以营造机场文化氛围

人文机场建设离不开对文化的诠释和运用。文化具有多样性，这种多样性主要体现在人类文化在表现形式上的丰富多彩，主要包括不同时期的历史文化、不同区域的地理文化以及在人类历史发展过程中传承下来的物质遗存、礼学制度、宗教信仰、戏曲民歌等。因此，面对纷繁复杂的文化积淀，哪些文化元素可以为我所用，如何精炼文化内涵使其符号化，如何诠释机场的文化主张，成为人文机场建设面临的首要问题。

1.3.2　设置特色的文化项目以丰富旅客人文体验

通常来讲，人们在短时间内对于某一事物的印象主要依靠视觉感受，若要对事物留下深刻、长久印象，则需要通过视觉、听觉等多感官配合；而文化体验项目恰恰能够通过多感官配合，给旅客带来很好的人文体验，同时也是实现经济效益的有效途径。因此，文化体验项目是人文机场建设的重要内容。文化体验项目要以特色文化为基础，辅之以现代化的技术手段，最终实现社会效益与经济效益的双丰收。

1.3.3　建设机场服务文化以彰显航空人文关怀

塑造特色的服务文化，提升民航服务质量，是建设民航强国的内在要求。机场服务文化是指在长期为旅客服务过程中所形成的服务理念、职业观念等服务价值取向的总和。因此，作为一个高标准的服务企业，机场服务文化建设尤为重要，民航机场需要践行真情服务理念，不断提高航班正常化管理水平，全面推进民航服务与信息技术的融合发展，优化旅客的航空出行体验，打造具有特色的民航服务品牌，进而用服务文化推动高质量发展。

1.3.4　形成文化产业体系以助力机场多元化发展

近年来，随着民众文化自信的愈发强烈，国内文化产业发展势头迅猛，各类中式文创作品频出爆款，文化产业的支柱作用已经越来越明显。西安有着世界级的旅游观光资源和文化资源，近几年西安文旅迅猛发展，特别是在节假日期间，接待人次、旅游收入均创新高，成为文化旅游的"新潮人"。因此，人文机场建设要打好文化这张牌，实现文化价值变现，就必须形成机场特色的全价值链文化产业体系，实现人文机场建设的长期效益。

1.4　建设原则

在人文机场建设落地实施中，建设原则能够保证人文机场有资可考，有原则可依，进而稳稳把握住人文机场建设的基调，特别是落实到后续具体的设计工作中，确保主题不偏离、各项设置科学合理。基于对人文机场概念内涵、建设案例的思考，本项目提出了人文机场的建设原则（图1-12）。

图1-12 人文机场建设原则

1.4.1 动态与静态结合原则

一般来讲，人们对于文化的深刻感知不仅来自静态的文化表达，更多来自动态、鲜活、新颖的呈现形式。因此，人文机场建设绝不是简单、静态的文化元素和文化主题的重复叠加，而是创新表达手法，唤醒文化符号的生命力，以鲜活的姿态呈现文化。例如虚拟现实（VR）全景技术目前已经成为文化展示的一项重要工具，它可以帮助人们更深入地了解和欣赏文化，促进文化的传播和发展。

1.4.2 宏观与微观并重原则

人文机场建设是一个系统工程，需要从点到线再到面，全面进行规划和实施。在宏观上，人文机场建设要挑选具有典型性的人文主题，确保在统一的文化主题指引下，将航站楼的建筑形象、航站区景观空间及建筑内部装饰等内容形成完整的文化空间格局；在微观上，人文机场建设要将统一的文化主题、文化元素运用到航站楼等不同功能空间的微小细节，强调建筑空间的文化元素应用与整体文化主题相连贯、建筑空间的人本化服务设施细致到位等。

1.4.3 传统与现代并重原则

虚实结合是文化呈现中一种非常重要的表达手法，文化是虚，载体是实，虚实结合要求将传统文化元素与现代表现手法相结合，通过挖掘文化元素的现代价值，使文化元素与当代环境相适应，进而唤起人们对传统文化的时代共鸣。例如张锦秋院士的很多作品就完美阐释了传统文化与现代技术相结合的设计理念，长安塔借鉴唐代传统木塔的外形，再加之蕴含高科技的超白玻璃、钢框架结构等，使唐风唐韵的建筑充满现代感。同样，文创产品的开发也是虚实结合的最佳案例，其借助现代视角和创新方法，将诗词歌赋、水墨书法等传统文化元素抽象提炼表达，赋予了传统文化元素新的生命力，使其具有了新功能。

1.4.4　内部与外部结合原则

人文机场建设中，无论是历史文化、地理文化，还是行业文化，均属于外部文化，而要将机场打造成为有温度、文化特色鲜明的全过程体验空间，除了充分挖掘外部文化资源外，机场自身的企业文化同样重要。企业文化是企业价值理念的一种体现，在企业发展壮大、适应更加激烈的竞争环境中起着非常重要的作用，例如在韩国仁川国际机场设置的航空文化体验馆，详细介绍了机场的历史沿革、历次改扩建工程及新技术应用等，通过自身文化的展示使旅客产生与机场的情感共鸣。

1.4.5　构建与传播并重原则

文化定位与人文服务体系建设的过程是人文机场构建的过程，人文机场建设不仅需要内容的构建，也需要依靠媒体的传播力。特别是新媒体时代，各项工作想要获得成功，不仅需要具备互联网思维，还要掌握以互联网技术为依托的新媒体传播。当下，对于内容与渠道孰轻孰重的争论一直没有停止，但是毋庸置疑，即便再优质的内容想要出类拔萃，没有强有力的渠道传播也是很难实现的。因此，人文机场建设需要注重媒介力量，通过新颖、创意的传播手法，能够在第一时间紧紧抓住受众的注意力，并且产生情绪上的持续关注。

1.5 建设体系

人文机场建设的过程是结合机场未来发展的目标，在分析和梳理文化资源的基础上，筛选具有代表性的文化主题、元素，通过多元、现代的表达方式，为旅客创造一个具有温度、文化特色鲜明、流程便捷的全过程体验空间。因此，基于前期理论研究，结合项目概况，提出人文机场建设的体系，即人文机场建设要聚焦一个目标，围绕两个层面，突出四个特点，建设四个系统，重点抓好七个着力点（图1-13）。

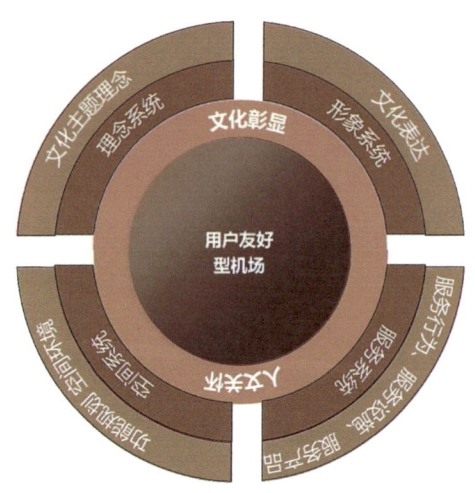

图 1-13　人文机场建设的整体思路

1.5.1　项目概况

为进一步促进区域经济社会协调发展，加快西安国际航空枢纽建设，提升机场综合保障能力和服务水平，适应航空业务量快速增长需要，适时启动了西安咸阳国际机场三期扩建工程。本项目是陕西省民航发展的"头号工程"，是中国民用航空局支持建设的"标杆示范项目"，也是目前西北地区投资规模最大、建筑体量最大、技术最为复杂的机场建设工程。本项目按照满足2030年旅客吞吐量8300万人次、货邮吞吐量100万t的目标设计，主要建设内容包括：将现状北跑道改造为平行滑行道，新建北一、北二和南二共

3条跑道，新建70万 m² 的 T5 航站楼、35万 m² 的 T5 综合交通中心，同时配套建设东、西货运区和航空食品、消防救援、供电、供热、供冷、供气、给水排水等相关设施。

T5 航站楼及 T5 综合交通中心是本项目建设的核心建筑，备受社会各界高度关注，因此在规划设计阶段，坚持功能优先、效率优先的理念，注重建筑的空间感受、流程组织及服务体验的协同发展。其中 T5 航站楼总建筑面积70万 m²，按照满足2030年5000万人次吞吐量进行设计，由一个集中式主楼 + 六个指廊构成，主楼平面功能和工艺流程与六指廊构型紧密结合；主楼作为航站楼的核心功能区，主要功能包括值机、国际联检、国内安检、行李分拣、行李提取、迎客厅及商业等；指廊功能按照工艺流程要求进行布局，北三指廊及南三指廊作为国内、国际可转换区域使用，其余指廊均作为单纯的国内或国际区域使用。航站楼共分为地上3层，地下3层，局部设置夹层，其中三层（14.5m）主要功能包括办票值机、国际出发联检和国际候机，二层（7.5m）主要功能包括国内自助值机、国内安检、两舱值机休息及国内出发到达混流层，一层（0.5m）主要功能包括国际到达联检区、到达行李提取厅及国际、国内远机位候机等，地下一层（-6.5m）主要功能包括国内行李提取厅（预留卫星厅行李提取），地下二层（-11.5m）为行李机房，地下三层（-18.12m）为捷运系统站台；同时设置夹层（20.5m）和夹层（2.2m&4.2m），分别为集中文化商业夹层、国际到达通廊（图1-14）。

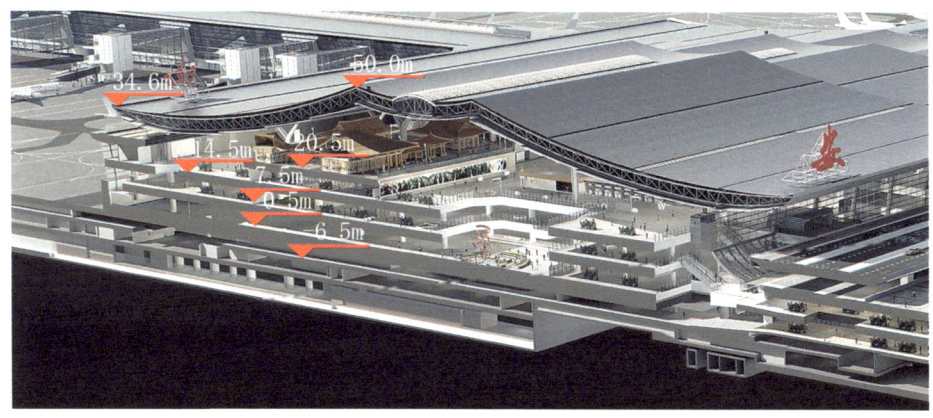

图1-14 T5航站楼剖面图

T5 综合交通中心紧密结合 T5 航站楼进行功能空间布局，与 T5 航站楼构成整体建筑空间。T5 综合交通中心由旅客换乘中心、停车楼两部分组成。其中，旅客换乘中心分为地上 2 层、地下 3 层，二层（7.5m）为办公及商业；一层（1.5m）为航空出发层，主要功能包括航空办票值机、交通换乘通道及大巴候车区；地下一层（-4.5m）为航空到达层，主要功能包括交通换乘通道、地铁站厅及铁路候车室；地下二层（-9.5m）为铁路到达通道、铁路换乘大厅及城市候机楼行李注入区域；地下三层（-14.85m）为地铁站台、铁路站台层（图 1-15）。停车楼位于旅客换乘中心南北两侧，沿航站楼东西主轴线方向呈矩形对称布置，共分为 8 个开敞式停车库单元，共有地上 4 层、地下 3 层，近期设置 5300 余个停车位。

图 1-15　T5 综合交通中心剖面图

1.5.2　一个目标

　　基于对概念内涵的理解，本项目提出人文机场的总目标，即将西安咸阳国际机场打造为一个用户友好型机场，使机场成为有温度、有活力的温馨港湾。总目标提出的"用户友好型机场"，而不是"旅客友好型机场"，主要是因为人文机场建设的目标受众是多元化的，不仅包括旅客，航空公司、驻场单位员工也是非常重要的用户。在总目标的指导下，人文机场建设包含三个层面：一是打造成为华夏文明的展示场，这是从文化层面提出的，依托 T5 航站楼、T5 综合交通中心等建筑，在满足航空服务功能的基础上，打造一个集历史文化、现代文化及航空文化于一体的航空服务综合体，最终通过机场这个平台讲好中国故事、陕西故事、西安故事和民航故事；二是打造成为时空情感的连接点，这是从旅客情感层面提出的，机场是一个人来人往、人聚人散的地方，因此航站楼不应该只是冰冷的钢筋混凝土建筑，而应该为旅客架起抒发情感、寄托思念的桥梁；三是打造成为新生活方式的倡导者，这是从理念层面提出的，机场作为城市重要的公共基础设施，每天来往的旅客千差万别，因此机场应该是一个兼收并蓄、兼容并包的公共场所，引领积极、健康、人文的生活方式（图1-16）。

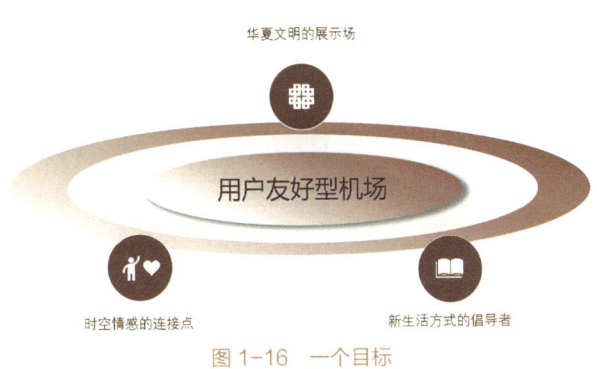

图 1-16　一个目标

1.5.3　两个层面

人文机场建设应该把"旅客的出行体验"作为出发点和落脚点，把旅客舒适度和满意度作为衡量标准，围绕文化彰显和人文关怀两个层面：文化彰显是指提供特色文化场景和文化产品，形成可落地、可持续发展的文化品牌，突出文化特色，提升文化品位；人文关怀是指全方位优化既有公共服务设施和航空服务流程，突出旅客体验（图1-17）。

图 1-17　两个层面

1.5.4　四个特点

人文机场建设要着重强调特色性、便捷性、人本性、多元化。特色性是指在文化氛围营造方面要突出文化特色，杜绝千篇一律、刻意复制；便捷性是指在流程流线设计中要突出方便、快捷，重点关注旅客步行距离等指标；人本性是指在空间设施设计中要体现人机工程学、环境心理学的理念；多元化是指在服务产品综合供给方面要强调多元化，满足不同用户的差异化需求。

1.5.5　四个系统

人文机场建设应着力于理念、形象、空间、服务四个系统的建设。其中，理念系统是机场文化彰显的核心，理念层面上，旅客满意度导向要明确，真情服务理念深入机场各项工作，形成统一的文化主题和品牌理念；形象系统是理念系统在文化层面的视觉化表现形式，形象层面上，地域文化特色鲜明，内部装修及景观小品注重文化内涵的表达和正确价值理念的传递；空间系统是人本关怀在空间环境和功能规划的具体表现形式，空间层面上，要注重旅客体验，航站楼内空间感受舒适，声环境、光环境及温湿度等环境宜人；服务系统是人文机场建设的重中之重，是人本关怀在服务行为、服务设施、服务产品上的表现形式，服务层面上，要始终紧抓航班正常、旅客排队时间等民航发展的关键指标，关注服务的全流程优化，提供便捷、顺畅的各类流程流线和人本化、多元化的服务设施和产品。

1.5.6　七个着力点

基于对人文机场概念内涵、建设目标的理解，聚焦理念、形象、空间、服务四个系统，提出人文机场建设的七个着力点，即文化主题理念、文化表达、功能规划、空间环境、服务行为、服务设施、服务产品（图1-18）。

1. 文化主题理念

理念是行动的先导，准确的文化理念是塑造、树立和传播机场新形象的基础和核心，因此人文机场建设需要特定的文化主题理念作为引导。文化主题理念的确定需要以所处地域环境中的物质文化、精神文化和行为文化为依据，从丰富、多元的文化元素中提炼具有代表性的优秀文化精神与内涵，确定整体文化风貌及风格定位，形成符合机场整体形象的标识与符号，用于指导

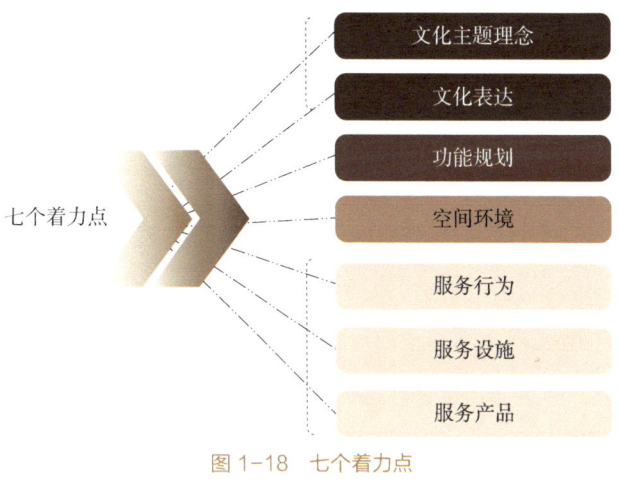

图 1-18 七个着力点

机场整体的文化表达。西安咸阳国际机场在综合分析所处的地方文化、行业文化特征的基础上，以唐文化为主题，以历史文化、地理文化、民航文化为主线，进而在文化主题上将设计理念由内而外统一起来。

2. 文化表达

就文化而言，每一种文化都有符合其主题特色的符号和表达方式；就机场而言，旅客来自不同地区、不同年龄段，具有不同的文化认知和出行需求，所以文化主题的呈现必然是多样态的。人文机场建设应结合实际开展多样态的文化表达，构建机场特有的文化呈现体系，塑造和传递机场独有的品牌形象和理念，这种多样态的文化表达包括但不限于平面规划、建筑造型、景观小品、建筑内饰和文化项目等。例如，平面规划是对地块的空间布局和功能规划进行统筹安排，平面规划不仅是为了满足人们的生活和工作需求，也是为了打造一个有独特文化魅力的区域，平面规划的文化表达主要体现在建筑风格、街道布局和公共空间营造等方面。

3. 功能规划

功能规划是不同功能建筑在总平面中的布局规划及不同功能设施在建筑空间中的布局规划，功能规划决定了生产运行的流程流线，例如航站楼与旅客换乘中心的近距离布局及多层连通确定了不同交通方式的换乘流线。就机场而言，功能规划是体现机场各类流程流线便捷性，衡量用户满意度的核心指标，也是人文机场建设的重要内容。在人文机场建设中，除航班正常率、旅客投诉

率、旅客满意度等民航高质量发展的关键指标外，还应重点关注车行流线和人行流线，以流程流线的便捷性和高效性为目标，通过优化车辆进出机场的各类流线，改善旅客在航站楼内的各类流程，不断提高旅客的满意度。

4. 空间环境

任何建筑都是以空间形式存在的，空间环境包括建筑本体及围绕建筑而存在的环境。就人文机场而言，航站楼的空间环境是提升旅客体验的重要指标，包括室内空间和室内环境两部分。其中，建筑室内空间设计应重点考虑室内的竖向设计和横向设计，不断优化建筑层高，合理规划平面功能，提升旅客的空间体验，减少压抑和拥堵；室内环境设计应重点考虑建筑内的光环境、声环境、色彩环境、温湿度及空气品质等，将环境心理学的相关原理应用到室内环境设计中，提高旅客的舒适度。例如在公共建筑等色彩环境设计中，功能区域通常采用冷色调，因为冷色调会降低旅客紧张、焦躁的心理，而商业区域的暖色调会调动旅客的情绪，让旅客感觉到舒适，产生消费体验的需求。

5. 服务行为

人文机场，服务为本。服务是无形的，机场服务人员的职业素养直接影响着民航服务质量，关系到机场的品牌形象及发展前景，因此人文机场建设要求员工的服务行为应突出规范化和标准化。"真情服务"从"真情"二字对服务品质提出了更高要求，机场在运营过程中要发扬对高品质服务孜孜不倦的追求精神，深度挖掘旅客需求，加强员工服务规范化管理，重点从旅客到达航站楼、值机、安检、登机、中转、航站楼问询、广播等全流程规范员工行为，提升一线服务人员应对大面积航班延误等各类复杂突发事件的服务保障能力，妥善处理旅客投诉，健全旅客投诉机制，提高旅客投诉处理的效率和质量，真正体现"人民航空为人民"的宗旨。

6. 服务设施

服务设施是旅客完成航空流程、满足出行需求的重要载体，也是人文机场建设的重要组成部分，包括航站区的交通服务设施和航站楼内的功能服务设施、旅客流程设施及公众信息系统等。而在服务设施设计中，工业设计的理念尤为重要，工业设计是一种创造性的活动，是为满足人们生理、心理等多方面的需求，将物品、服务及过程赋予更加多元化的品质和价值，例如基于美学的外观设计、基于人机工学的形态设计及无障碍环境设计等，它强调把设计思想和设计标准从以机器技术为中心转向以人为中心，通过设计提升人的价值，尊重人的自然需要和社会需要。人文机场建设应结合工业设计的相关理论，赋予服务设施设备更多的文化价值、审美内涵和情感色彩，让服务设施从单一的功能性价值上升为满足旅客多元化需求的综合价值上来，进而实现人与设施的和谐统一。除此之外，人文机场建设还应该关注员工的生产、生活需求，提升员工的满意度、获得感和幸福感。

7. 服务产品

创新民航服务产品是践行真情服务理念、丰富"中国服务"品牌、提升核心竞争力的具体举措。从本质上讲，服务产品的创新所依靠的是服务提供者对于消费者需求的精准把握与高度满足。在民航运输领域，可具化为机场对于旅客出行需求的了解与掌握。人文机场建设应把握民航运输的发展趋势，聚焦旅客的多元化需求，密切关注新技术对旅客出行需求的影响，持续优化和提升民航服务产品供给能力，将机场的服务范围拓展到从"家门"到"舱门"，向旅客提供全流程、多元化、高品质的航空延伸性服务产品和休闲、娱乐、文创等体验式商业服务产品，更好地满足新时代旅客对美好出行的新要求。

1.6 小结

本章从概念内涵、建设现状、建设思考、建设原则和建设思路五个方面，系统阐述了人文机场建设的理论实践框架，为后续本项目人文机场建设提供了理论层面的指导，同时也为后续工程建设专项研究工作奠定坚实基础。人文机场建设是一个持续推进的过程，需要在规划、设计、施工、运营等机场全生命周期接续实施、不断提升。人文机场建设在不同阶段的侧重点有所不同，例如服务行为主要侧重于机场运营阶段的工作。因此，结合工程建设内容，本书重点阐述了本项目在主题理念、文化表达、空间环境、功能规划、设施设备、服务产品六个方面的建设经验。

独特的规划与建筑设计

机场规划设计深层次折射中国传统哲学思想

东航站区平面规划

T5航站楼建筑布局

多样态的文化表达

东航站区景观营造

T5航站楼室内空间

文化项目

上篇

文化彰显篇

统一的主题理念

中华优秀传统文化是中华民族的精神之根和文化之魂，五千年中华文明的优秀文化基因，承载着中华民族古老而常青的光荣与梦想，人文机场的建设正是现代航空建筑与优秀传统文化相结合的表达，在创新中传承、在传承中创新，与时代主题相融合。

机场不仅是交通的枢纽，更是文化交流与自然融合的桥梁。东航站区的规划与设计通过中国传统天、地、人和谐共生的整体自然观，以深邃的内涵和广博的视野，使建筑与环境相融合，既合乎社会要求，又体现社会生活的法则。设计汲取了中和之美的辩证思想，将传统智慧与现代科技完美结合，并使流动转换的宇宙观念、感官心灵交相融合的美学意境得以展现，创造出既符合功能需求，又充满艺术气息的空间，使机场成为独一无二的城市文化地标，书写着属于这个时代的新篇章。人文机场的建设不仅使人们感受到历史文化的厚重，也能体验到未来科技的创新，成为连接过去与未来的纽带，展现人们对美好生活的不懈追求和无限遐想。

第 2 章　统一的主题理念

　　人文机场建设应以文化主题定位为基础，充分利用丰富的文化资源，从中选取代表性的优秀文化，析出文化主题，凝练转化形式简约、具有深度内涵的标识与符号，集中加以表达。本项目建设人文机场具有得天独厚的地域文化资源、独具特色的行业文化资源及系统科学的企业文化资源优势，经系统梳理、提炼和总结，形成了"长安盛殿，丝路新港；汉唐风韵，城市华章"的主题理念，并进一步指导工程建设。本章将着重从西安咸阳国际机场的文化使命、国际视野入手，对上述主题理念进行分析解读。

2.1　文化使命——长安文韵，横贯空港

　　文化是一个国家和民族生存与发展的重要力量，也是一个国家和民族的显著精神标识，纵观人类经济社会发展历程，任何国家和民族的崛起，都是以文化创新和文明进步为先导和基础的。欧洲正是因为历经古希腊、古罗马以及中世纪数千年的文化积累和发展，才有了近代的崛起、腾飞以及第一次工业革命、第二次工业革命的辉煌成就；同样，1978 年以来的改革开放，肇始于思想和文化的解放，使我国抓住了第三次工业革命的机遇，在众多领域跟上了全球发展的步伐，从而实现了工业的崛起和经济的腾飞，进一步印证了文化的力量。当前，站在新的历史起点，继续推动文化繁荣、建设文化强国、建设中华民族现代文明，是新时代新的文化使命。

西安，古称长安，是世界四大文明古都之一，也是中华民族和古老东方文明的发源地，历史上先后有西周、秦、西汉、东汉等13个朝代在此建都，素有"十三朝古都"之称（图2-1）；从渭水河畔的丰镐二京，到渭水贯都的秦咸阳城，从"斗城"汉长安城，到北枕龙首、南指子午的隋唐长安城，再到明、清的西安城，在历史的层叠发展中，西安积淀了厚重的中华文化基因和丰富的历史文化资源，有秦始皇兵马俑坑等世界文化遗产3处9点，有西安城墙等中国世界文化遗产预备名录6处33点，有陕西汉阳陵等建成开放的国家考古遗址公园7处，还有各级不可移动文物49000余处[①]。当前，在国际化大都市的建设进程中，文化为西安的现代化发展注入了灵魂，文化越来越成为经济社会发展的重要支撑，因此守护城市历史文化遗存、延续城市历史文脉成为新时代的文化使命和责任担当。

西安咸阳国际机场是陕西对外开放的门户，也是西北地区最大的空中交通枢纽，而且本项目是陕西省民航发展的"头号工程"，也是中国民用航空局

图2-1　西安古都历史文化传承

---

① 数据来源于陕西省文物基本数据（2024版）。

支持建设的全国民航"标杆示范项目"，可见其地位特殊、项目意义重大。因此，西安咸阳国际机场承载着深远的文化使命，理应主动承担起中华传统文化的传承，在文化传承中彰显民族自信（图2-2）。

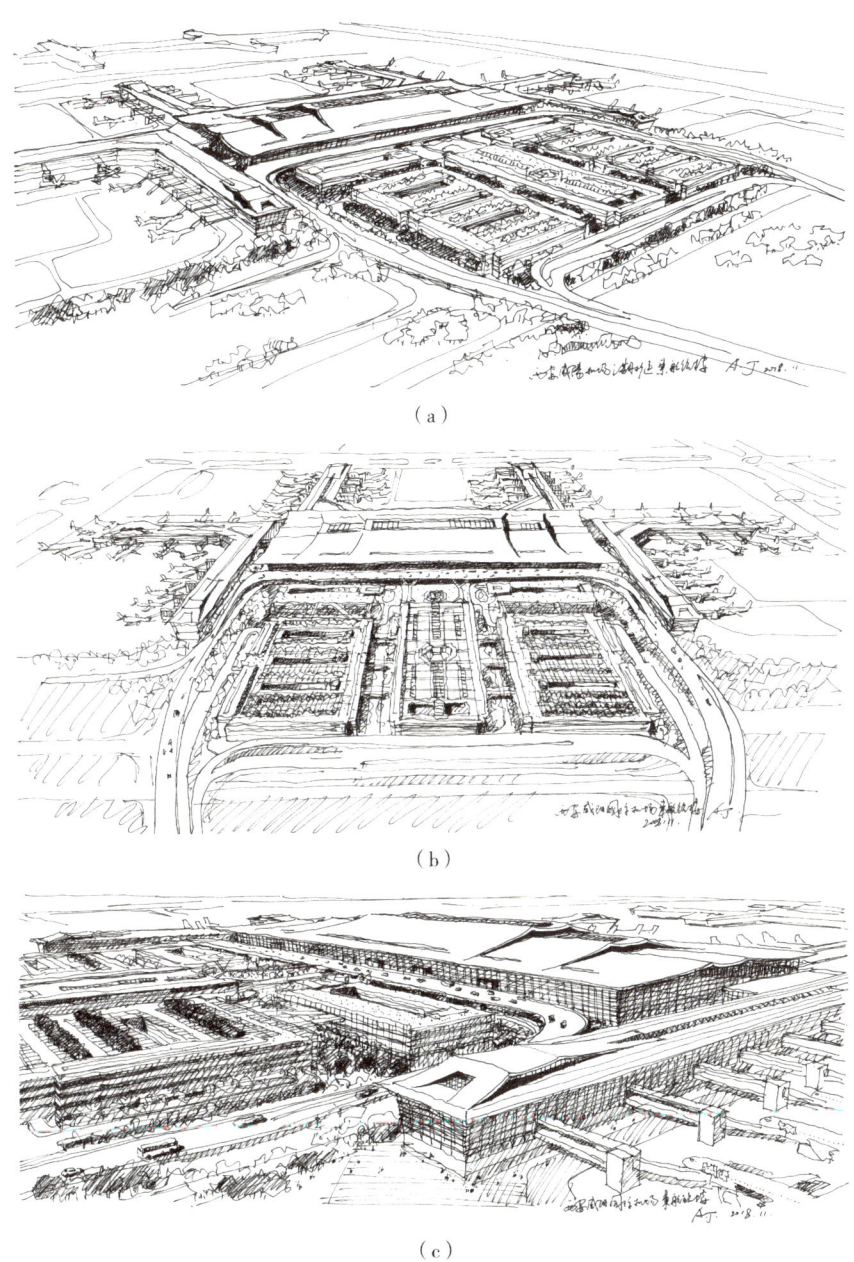

（a）

（b）

（c）

图 2-2　西安咸阳国际机场三期扩建工程草图

2.2 国际视野——丝路空港，蓄势聚能

古丝绸之路是中国古代最大的对外开放通道。古丝绸之路，简称"丝路"，是公元前 2 世纪，西汉张骞出使西域开辟的，自古长安（今西安）出发，途经甘肃、新疆，到达中亚、西亚等地，并连接地中海各国的陆上贸易通道，因其运输货物主要以丝绸制品而得此名。经过 2000 余年的发展，古丝绸之路已经演变成一条东、西方政治、经济、文化交流的交通大动脉，成为世界上路线最长、影响最大的文化线路，为人类社会的共同发展和繁荣做出卓越贡献。长安作为古丝绸之路的起点城市，深刻地塑造了东、西方文明交流的历史进程，承担着促进文化交流与融合的使命，搭建起东西方文明互通的桥梁，推动不同文化间的对话与共融，为世界文明多元发展贡献了力量。

丝绸之路经济带，是在古丝绸之路概念的基础上形成的一个新的经济发展区域，覆盖中国的陕西、甘肃、青海、宁夏、新疆西北五省（区）和重庆、四川、云南、广西西南四省（市），被公认为是世界上最长、最具发展潜力的经济大走廊。考虑西安所处的地理位置和历史地位，在共建"丝绸之路经济带"的大背景下，西安被赋予了新的历史地位和历史使命，是"丝绸之路经济带"的重要门户和核心区域。也承载着中国与丝绸之路沿线国家经济、文化交流的重大使命，特别是首届中国—中亚峰会在西安举办，可见西安在共建"丝绸之路经济带"中的地位。

航空运输具有速达性和易达性，可以在全球范围内实现各种生产要素和资源的快速流动与高效配置，航空运输业的快速发展加快了经济全球化的进程，促进了文化的交流与融合，也推动了人类社会文明的进步。西安在共建"丝绸之路经济带"上具有承东启西的位置优势，但其不临边、不靠海，与中亚、西亚国家相距数千公里，跨越崇山峻岭，因此要实现与"丝绸之路经济带"沿线国家的互联互通，空中联通无疑是最快速、最经济的交通方式。

随着经济全球化进程的加快，充分考虑到西安新的历史地位和被赋予的新的使命，作为空中联通的主要基础设施，西安咸阳国际机场逐渐从单一功能的交通设施向多功能复合型城市空间演进，逐渐演变成重要的国际航空枢

纽，成为空中丝绸之路的重要支点，对于加强与"丝绸之路经济带"共建国家的关系具有重要作用。2020 年 5 月，陕西省人民政府和中国民用航空局联合印发了《西安国际航空枢纽战略规划》，明确提出要将西安咸阳国际机场打造为辐射"一带一路"的国际航空枢纽，从深层次意义上讲，本项目的重要意义也就不言而喻。同时，本项目建设了集航空、铁路、公路等多种交通方式于一体的立体综合交通枢纽，提升了机场的辐射范围和集聚能力，因此其已不仅仅是一项地方性的交通基础设施建设项目，也是"丝绸之路经济带"设施互联互通的重要内容，对于加快实现交通互联互通，推动"一带一路"倡议的实施等具有重要意义。

2.3 主题解读

长安盛殿、丝路新港；汉唐风韵、城市华章。

传承与创新是当代文化事业的主题，也是建筑创作的主旋律。传承是根本，传承的是一个民族、国家留下来的优秀文化、价值观和精神追求，进而留住历史的记忆，延续民族的文化。事实上，机场与城市并非孤立存在，它们之间存在着某种深刻的血脉联系，机场是一个城市的延伸，展示着城市的独特魅力，承载着城市的人文精神；创新是灵魂，随着经济社会和信息技术的快速发展，文化必须适应新的环境，满足人们不断变化的需求和期望，因此创新是基于中华优秀传统文化传承的基础上，适应当代需求而进行的形式创新和载体创新。在"长安盛殿、丝路新港；汉唐风韵、城市华章"的主题理念中，本项目以东航站区为载体，深入挖掘西安丰富的历史文化元素，传承长安城市规划所彰显的汉唐风韵和丝路风貌；运用现代科技和当代建筑语汇，将历史文化元素以现代建筑手法重新表达，创新汉唐风韵、丝路风貌背后赋予机场的时代意义，实现长安古都底蕴与现代科技的完美融合（图 2-3）。

长安，是西安的古称，也是中国古代历史上著名的都城，长安，取长治久安之意，历史上先后有西汉、隋、唐等强盛的朝代在这里建都，唐代长安

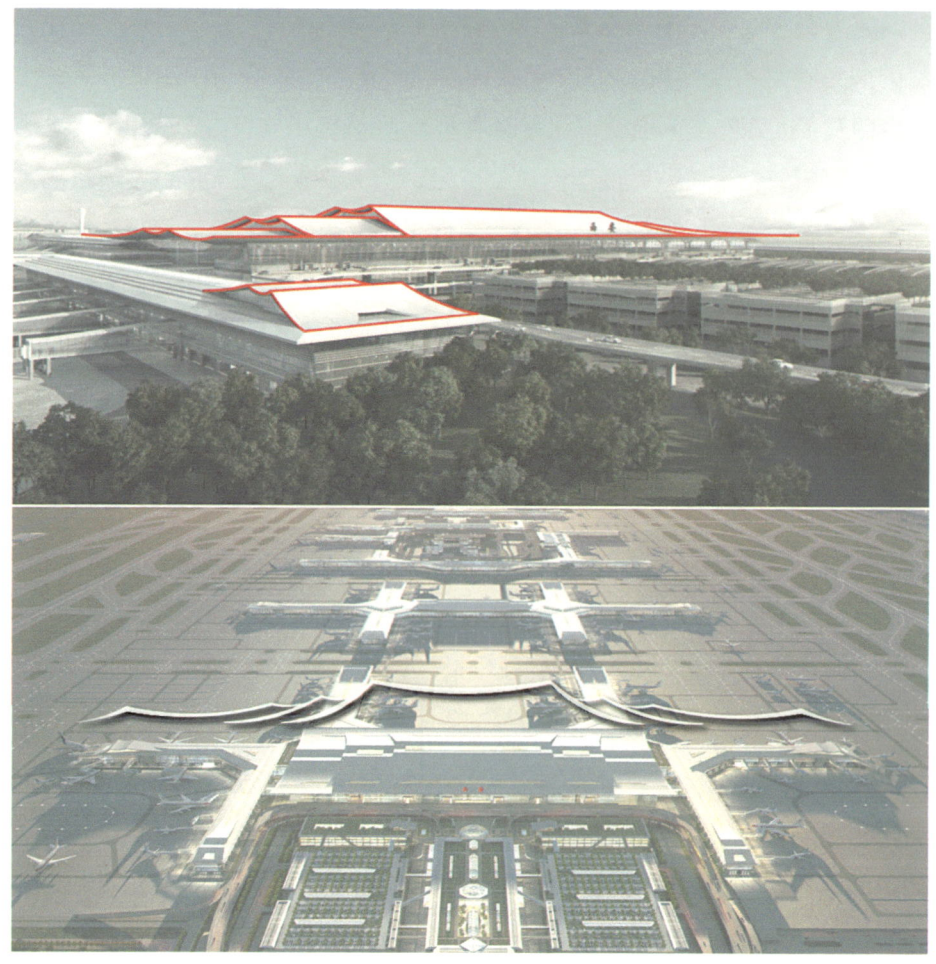

图 2-3　T5 航站楼轮廓

城更是成为当时世界上最大的都市，古代文人历来都有一种非常强烈的"长安情结"，把长安作为心中的圣地和精神的家园；而在现代陕西人眼里，长安不单是历史上的一座城市，而且是中华民族千年文明的象征，是一个承载着无数历史记忆的城市，是陕西人的精神故里，提起长安，陕西人就充满自豪、骄傲，也激起陕西人特有的文人情怀和文化情结。而作为城市的门户，以机场为核心的航空港不仅反映一个国家、地区的经济实力与科技实力，同样也成为展现地域特色、自然风貌与人文历史的窗口，因此本项目以"长安盛殿"为主题，是对 T5 航站楼及 T5 综合交通中心的文化定位，寓意要创新城市文化和生活方式，承接长安盛世的底蕴和气度，传递现代精神风貌，将 T5 航站楼及 T5 综合交通中心打造成为一个集科技、艺术于一体的城市会客厅和文化殿堂，为旅客带来一场超越时空的文化体验与心灵启迪，让旅客体验历史的变迁与延续，在现代机场中感受古代文明的奇妙与辉煌，这不仅是对中华历史文化的传承，更能够激发人们的文化自信和民族自信。

汉、唐是中国古代极具代表性的朝代，汉、唐以长安为都，是长安都城文化的形成和鼎盛时期，也是长安都城文化的代表。汉、唐时期国家统一，经济繁荣，政治开明，文化发达，借助丝绸之路，与外邦交往频繁，是古代中国强盛并走向世界的象征；特别是汉、唐在诗词、歌赋、散文、音乐、美术、舞蹈、服饰、雕塑等方面都有不可磨灭的贡献，因此汉、唐文化代表了中国古代文明的巅峰，体现了强盛、自信、开放、积极进取、兼容并蓄的特点，与中华民族的伟大复兴是不谋而合的，具有深远的影响力。与此同时，汉、唐时期也是中国哲学思想发展的重要时期，特别是中国传统儒家思想在这个时期奠定了正统地位，这个时期的城市规划和建筑设计也充分呼应了中国传统哲学思想所强调的天人合一、主从有序，整体呈现出"九宫格局、棋盘路网、轴线突出、一城多心"的特点（图 2-4）。因此，本项目以"汉唐风韵"为主题，是对"长安盛殿"的进一步表征，寓意要立足特有的文化资源，将文化传承的城市文脉融入现代机场规划设计，通过建筑布局、内部装饰、景观规划、文化项目等载体全方位彰显传统文化的独特魅力，更能代表中华文明的多元性和先进性，使机场成为城市文化的延伸和传播，让过往旅客在短暂停留时间里感受到中国传统文化的博大精深，全力将 T5 航站楼及 T5 综合交通中心打造为具有地方文化特色的地标性建筑群和名副其实的文化艺术殿堂。

从张骞出使西域，开辟丝绸之路开始，西安就作为丝绸之路的起点，一度成为东、西方文化交流的核心城市。2013 年，国家提出共建"丝绸之路经济带"倡议，西安被委以"打造内陆地区改革开放新高地"的重任，深度参与"一带一路"建设发展。航空运输是现代化国际经济中心城市迅速崛起的重要依托，因此除了横贯亚欧的"钢铁驼队"外，西安亦搭建了"空中丝绸之路"。作为西北地区规模最大的门户机场，西安咸阳国际机场占据了得天独厚的地理位置优势，拥有飞往亚欧大陆的最短航程，2h 航程可覆盖我国 75%

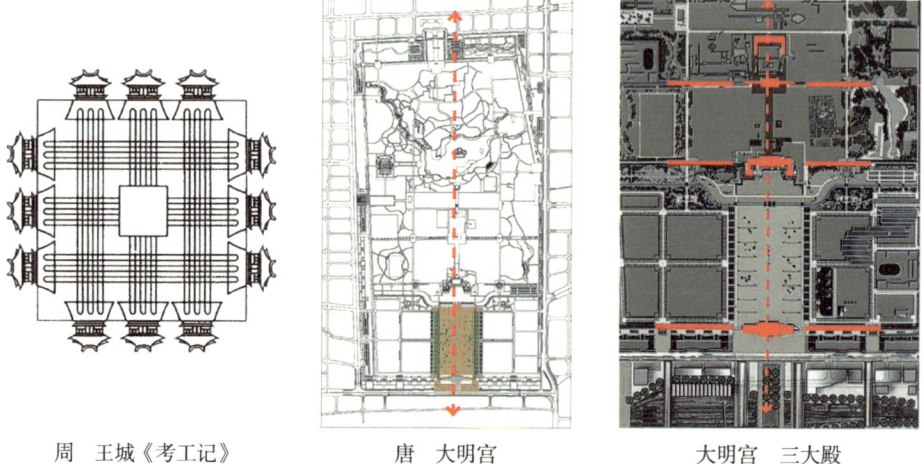

唐　长安城

周　王城《考工记》　　　唐　大明宫　　　大明宫　三大殿

图2-4　汉唐长安都城文化历史脉络

的领土和 85% 的经济资源，5h 航程覆盖全亚洲城市，12h 航程覆盖全欧洲城市，目前已连通全球 37 个国家、76 个城市，在国内率先实现中亚五国七城客运航线全覆盖，已成为陕西推进"空中丝绸之路"建设，构建国际贸易大通道的战略支撑。如今，"空中丝绸之路"再次升级，2016 年，为全面提升机场的基础设施保障能力和运行效率，更好发挥国际航空枢纽作用，本项目正式启动（图 2-5）。工程建成后，西安咸阳国际机场将形成四条跑道、四座航站楼，东西航站区双轮驱动的发展格局，以更加完善的基础设施、更加快捷的空中通道、更加优质的特色服务，构建起"丝路贯通、欧美直达、五洲相连"的"空中丝绸之路"，成为助力地方经济社会发展的新动力源。因此本项目以"丝路新港"为主题，是对项目的功能定位和价值定位，更能够体现出西安咸阳国际机场的发展定位和在构建"丝绸之路经济带"中的核心作用。

作为空中门户和重要的交通枢纽工程，机场往往会成为一个城市的地标和象征，因此机场建设往往超越其功能价值，成为一个国家、地区技术、经济及文化的综合表达，具有强烈的精神意义和标志性。因此，在工程启动之初，考虑工程建设的特殊性及对机场未来发展的特殊意义，本项目从当前机场建设面

图 2-5 西安咸阳国际机场三期扩建工程东航站区效果图

临的形势和任务出发，创造性地提出了以我为主，创新建设、运营，打造一个具备安全、人文、绿色、智慧、价值五大核心特征的未来机场。具体讲，就是用新基建赋能传统基建，坚守安全生命线，坚持绿色新模式，强化科技新应用，聚焦出行新需求，进而呈现一个运营管理精细可视、旅客服务个性精准、生产运行智能高效、资源设备全面物联的未来机场形象，最终把西安咸阳国际机场打造成为新一代未来机场和民航"融合基建"新示范，成为展示西安文化魅力与科技创新力的窗口，让每一位旅者在领略西安悠久文明的同时，也能感受其动态发展的脉搏（图2-6、图2-7）。因此，从城市发展角度来讲，本项目以"城市华章"为主题，是对主题理念和机场价值定位的进一步总结和升华，寓意西安咸阳国际机场将不仅是一个国际化的航空枢纽，也会成为展示城市文明进步和文化底蕴的窗口，并以新的面貌谱写陕西民航发展的城市华章。

2.4 小结

本章聚焦"长安盛殿、丝路新港；汉唐风韵、城市华章"这个主题理念，从西安咸阳国际机场的文化使命和国际视野两个角度展开，深入剖析了西安

图 2-6 西安咸阳国际机场远期效果图

（a）

（b）

图 2-7　西安咸阳国际机场三期扩建工程实景图

作为十三朝古都的历史文化特征及机场在传承和发扬中华优秀传统文化中的重要角色，论述了西安在"丝绸之路经济带"建设中的重要地位及民用航空运输在经济社会发展中的重要作用，最后以文化的传承和创新为切入点，对主题理念进行了全面解读。接下来，在统一的主题理念指导下，本书将重点阐述东航站区的文化表达逻辑。

第 3 章 独特的规划与建筑设计

作为民用航空运输的重要基础设施，机场建设运行极大地改变了人们的生产、生活方式，在国民经济社会发展中扮演着越来越重要的角色。随着机场规模的不断扩大，以机场航站区为核心的立体综合交通枢纽不断发展，航站区的功能和内涵需求也在不断丰富，商业休闲、形象展示、休憩游览等多元化功能得到不断增强。航站区是机场航站楼及其配套的站坪、交通、服务等设施所在的区域，不仅是机场与城市联结的过渡空间，而且作为城市的公共活动的空间载体，逐渐融入人们的生活，成为重要的城市节点。本章将着重阐述西安咸阳国际机场东航站区的文化表达逻辑。

3.1 机场规划设计深层次折射中国传统哲学思想

泱泱华夏，历史悠久，产生出博大深远的中华文明。从远古神话到现代科技，中华民族在这片土地上砥砺前行，创造和延续了灿烂辉煌的优秀传统文化。这是中华民族的根和魂，是中华民族在世界文化激荡中站稳脚跟的基石。

中国城市与建筑是中华民族生存智慧、工程技术、审美理念、社会伦理等文明成果的载体，是政治、经济、文化与思想的集中体现。中国传统建筑也是与自然同构、和谐共生的空间模型，合乎生活要求，体现社会法则。"夫宅者，乃是阴阳之枢纽，人伦之轨模"（《黄帝内经》），其中也蕴含并折射中国传统哲学的博大精深和源远流长。

东航站区规划与建筑设计正是以弘扬优秀传统文化，重塑中国城市和建筑根与魂为出发点。结合张锦秋院士"和谐建筑"理论，深入探索中国传统哲学思想与城市、建筑相结合的路径方法，凸显机场城市化特征，体现理念的传承与创新。折射出天、地、人和谐共生的整体自然观、中和之美的辩证思想、流动转换的宇宙观念、感官心灵交相融合的美学意境以及规范与秩序的礼制思想。机场规划设计体现中国传统城市与建筑营造理念，与古长安、西安血脉相连、传承有度，传统与现代共融合，理性与浪漫相交织。

1. 天、地、人和谐共生的整体自然观

东航站区规划布局顺应区域整体形势，北靠九嵕山，南邻渭水河，顺应机场总体规划，结合空侧构型而形成统一体。延续西安城方正街区、井田路网的格局，以求与城市大环境相互融合、和谐统一（图3-1）。

T5航站楼居于中轴，航站区其他设施环绕其周，指廊"六合一统"聚向中央主楼，体现中国古典建筑群体的形式美。周围网格状道路分隔出众多街区，众星拱月、"天人合一"，反映出天、地、人和谐共生的整体自然观（图3-2）。

图3-1　东航站区实景图

图 3-2　T5 航站楼实景图

2. 中和之美的辩证思想

阴阳之说是我国文化的基因，具备对立、统一和互化等特点。我国传统营造重视空间，重视虚的存在，"无画处皆成妙境"（《画筌》）。而实中虚、虚中实，更注重内外交融，阴阳均衡已达中和，其相互制约、转化以维系中和状态，实现平静和谐的平衡之美。

东航站区布局经营的虚实、刚柔、曲直、群孤、大小等，体现对立统一的辩证思想。建筑内外虚实空间互为图底、融合依存，延续传统城市、建筑营造的理念脉络（图 3-3）。

3. 流动转换的宇宙观念

"四方上下曰宇，往古来今曰宙"（《尸子》）。

建筑是空间的艺术，也是时间的艺术。中国传统建筑由单体成院落，以院落为单元，形成有层次、有深度的空间序列，塑造出抑扬顿挫、起承转合，有时间维度的戏剧性空间。

东航站区从东商务区、交通中心、T5 航站楼至卫星厅等序列空间，有收

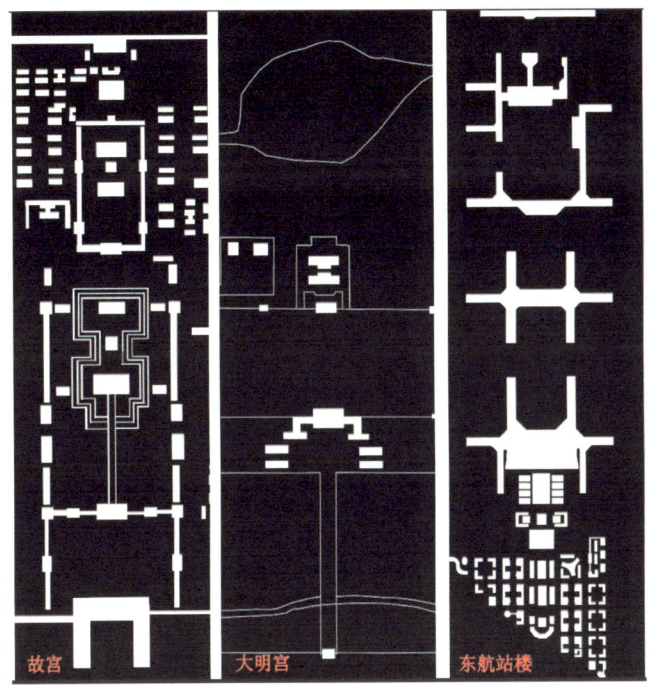

图 3-3　建筑与景观互为图底

有放、有起有落。交通职能的航站楼综合体，也是现实中时空一体、流动转换的重要城市节点（图 3-4、图 3-5）。

图 3-4　序列空间

图 3-5　整体序列实景图

4. 感官心灵交相融合的美学意境

从美学角度出发，中国传统艺术追求意境，追求神韵与感化。"以景寓情，感物吟志"，意境追求是使建筑艺术化的过程，使人产生触景生情的情感共鸣。T5 航站楼的建筑风格、形态象征、空间意识、环境意念等方面，都是追求感官与心灵交相融合的美学意境的具体表现。

5. 规范与秩序的礼制思想

中国传统哲学思想和伦理道德影响着人的行为，礼制思想成为人们的行为规范和道德约束。由此衍生的等级观念、中庸思想等影响了中国传统建筑的群体组合关系。东航站区通过轴线聚合、主从关系、布局层次与空间序列等体现出建筑组织关系，实现了空间秩序和功能效率（图 3-6）。

3.2　东航站区平面规划

按照西安咸阳国际机场总体规划，本项目在机场现北一跑道、南一跑道之间偏东区域规划建设东航站区，与西航站区共同构成机场的主航站区。在

图 3-6　建筑群体组织关系

东航站区主要建设 T5 航站楼、T5 综合交通中心、卫星厅、站坪及相关配套功能设施等。根据机场业务量预测，未来东航站区将承担机场 60% 以上的客运量，东航站区也将成为西安咸阳国际机场航站区的核心（图 3-7）。

西安咸阳国际机场东航站区规划顺应机场既有的规划格局，在西安的厚重历史记忆中寻找灵感，将建筑、景观、室内空间高度融合，汲取大长安九

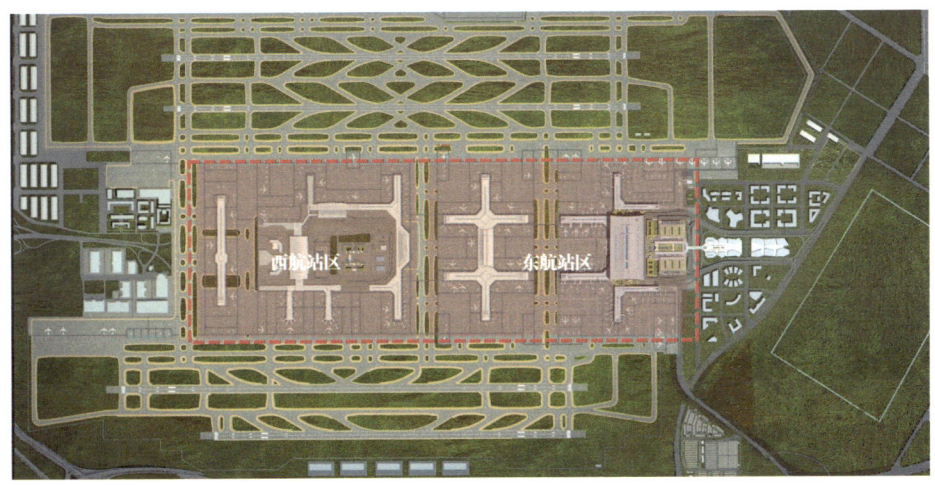

图 3-7　东航站区平面规划

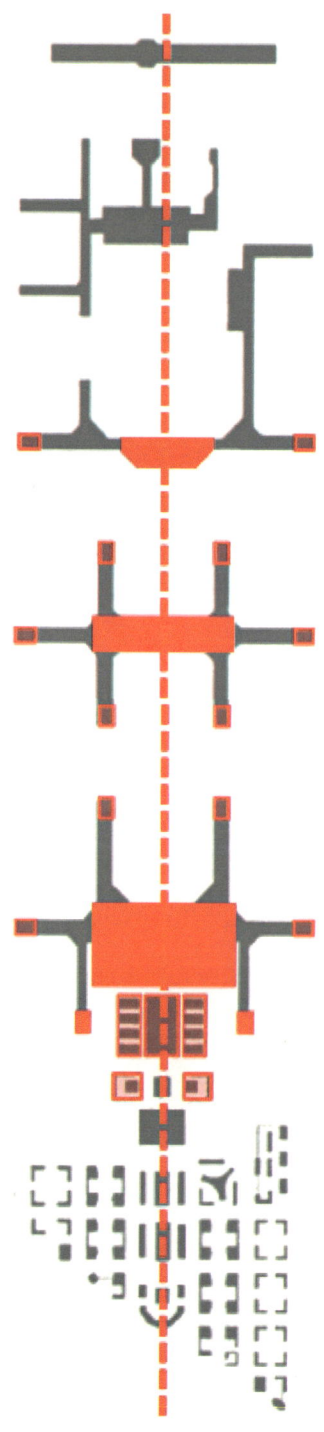

图 3-8 西安咸阳国际机场中轴线

宫格布局的特点，整体布局方正，一条中轴贯穿东西（图3-8），沿中轴线依次布置了航站楼、旅客换乘中心、商务区等，向西与T2、T3航站楼统一协调，向东与空港商务区充分结合，各建筑之间既相互独立又紧密联系，浑然一体，呈现棋盘化、网格化、数模化的特点。同时，整体建筑格局顺应机场主轴线，组织有序、层次分明、主从相依，在主楼形成"长安盛殿"的空间高潮，其周边围绕的六条指廊，众星捧月、六合一统，共同形成了中国古典建筑的群体形式美，形成主从有序、统一的空间序列，整体呈现出汉唐长安城规整的里坊格局（图3-9、图3-10）。

3.2.1 规划原则

1. 统筹规划、系统构建、有序建设

东航站区规划以保障机场终端容量为目标，通过系统构建和整体设计，统筹处理好近远期发展关系、空陆侧运行关系、不同交通方式的衔接关系、机场与周边环境的关系等，避免出现功能或保障短板。同时，根据机场的航空业务和科技新技术发展情况，东航站区规划还侧重考虑了空间、设施设备等各类资源的预留和功能转换。

2. 功能完善、流程合理、运行高效

根据西安咸阳国际机场的功能定位，东航站区规划坚持适度超前原则，充分考

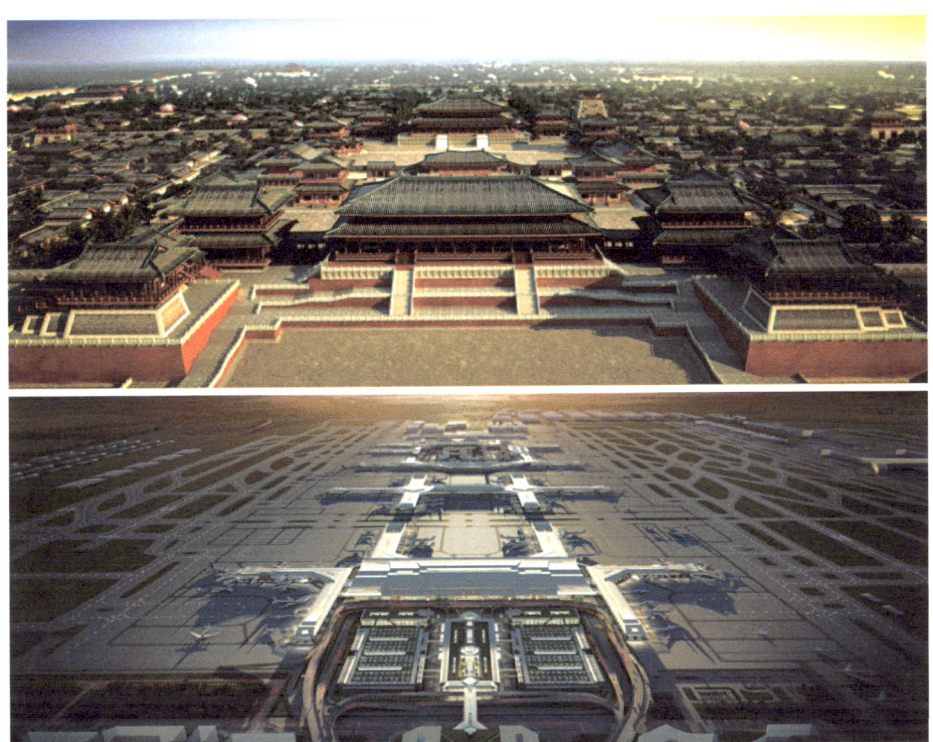

图 3-9　西安咸阳国际机场与大明宫含元殿

图 3-10　东航站区实景图

虑了机场业务发展和生产运营等各方面的需求，不断完善航站楼、站坪等各类功能设施的总平面布局，科学优化航空出行流程和交通转换流程，提高了各类设备设施的使用率，确保机场功能完善、设施齐全、流程合理、运行高效有序。

3.客户导向、人性设计、优质服务

东航站区规划以用户需求为中心，充分考虑旅客、迎送机人员、工作人员和周边居住人群等不同类型用户全方位、多层次的需求，合理配置服务设施资源，科学优化建筑空间环境，提供多元化、高品质的航空延伸服务产品，建设航站服务综合体，最终打造一个用户友好型机场。

4.技术先进、经济合理、控制投资

东航站区规划充分借鉴国内外机场和其他大型公共建筑的先进经验，充分考虑云计算、物联网等现代科学技术的发展趋势和新材料、新技术的应用，实现技术领先；同时，充分考虑技术方案的经济性和可行性，有效控制工程建设投资成本，降低后期运行费用。

5.历史传承、区域文化、时代要求

东航站区规划与西安的自然环境和文化特征相适应，以重塑中国城市与建筑之魂为出发点，突出地域文化，传承与发展中国传统城市与建筑之美，展示特有的文化底蕴和时代要求；同时，东航站区整体建筑外观契合大众审美，避免出现华而不实和奇形怪状。

3.2.2 文化理念体现

一直以来，中国传统哲学思想对现代建筑发展具有非常丰富的现代价值，例如"天人合一"的思想对于现代建筑的可持续发展和生态建设有着重要的启示作用，传统的建筑形制、建筑空间布局也对现代建筑设计产生重要影响。本节将通过轴线秩序、主从关系和空间序列等阐述东航站区规划中的哲学思想。

1.轴线秩序

轴线是建筑空间布局中最基本的形态秩序之一，中国古建筑群体空间布局以轴线对称尤为常见（图3-11~图3-13），轴线对称布局体现了中国传统

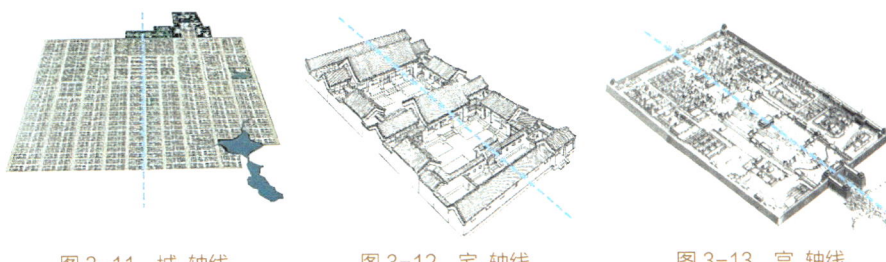

图 3-11　城　轴线　　　　　　图 3-12　宅　轴线　　　　　　图 3-13　宫　轴线

儒家思想中的等级观念及中庸思想。轴线对称布局是以中轴线为中心，左右对称地布置建筑物，形成严谨的空间结构，体现了中国传统文化中的平衡和谐观念。在西安以往的城市规划中，先后有十余条不同朝代留下的中轴线，从周朝两大都城沣京、镐京开始，到隋唐长安城，每个都城都有自己的中轴线（图 3-14），《周礼·考工记》中就有对营国制度[①]中轴线的记载。可见，以轴线组织城市空间是深植于中国传统造城文化的传承中，古代轴线展示着皇权、礼制、中正，而现代城市规划中对轴线有了新的演绎，往往体现着城市的公共性。

　　在现代航空港规划中，轴线秩序是优化航空服务功能，提升航空运行效率的关键，通过明确的轴线秩序，机场的空间布局、内部交通流线和服务流程能够得到科学优化，各个功能区域能够有序分布，为旅客提供直观的空间方位感，进而减少人流拥堵，提升运行效率。同时，中轴对称也是一种传统的空间审美，讲究相同部分间规律的重复，往往给人一种庄严肃穆的感觉，具有古典美感和秩序感。因此，东航站区规划采用直线构型、中轴布局的方法，延续西航站区的规划布局特点，在现有西航站区的基础上引入中轴线，主体建筑和附属建筑沿着中轴线两侧对称排列，即一条中轴贯穿东、西航站区，形成左、右对称的空间结构；同时，在中轴线上布置了 T5 航站楼、T5 综合交通中心等主体建筑，突出了主体建筑的重要性，从而形成整个建筑群体的聚合向心性，起到整合空间、顺应规划、连接整体的作用，使东航站区构成统一、和谐、有序的整体（图 3-15）。

---

① 营国制度：2014 年公布的建筑学名词，是周代关于王城的营建制度，奠定了方形城制、宫城居中、对称布局、礼制等级等中国城市建设传统。

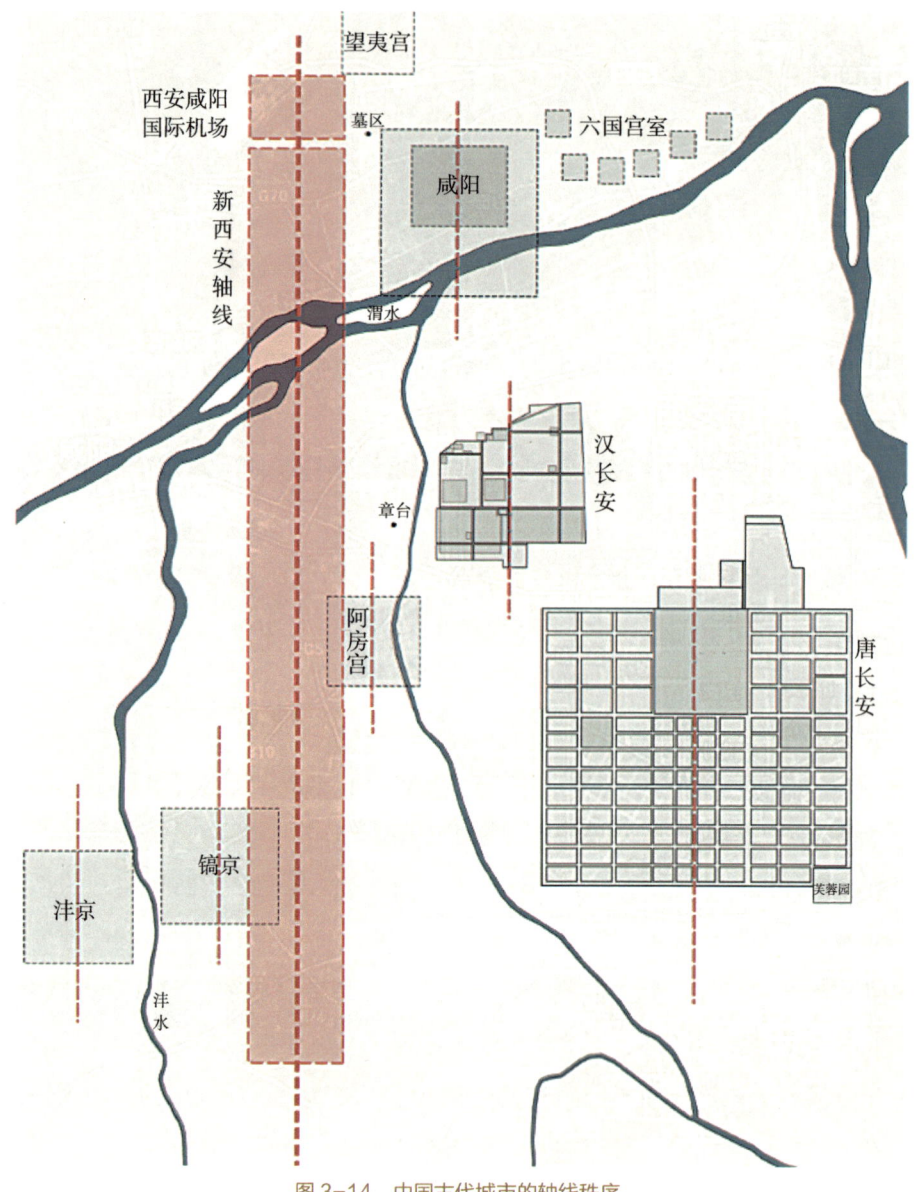

图 3-14　中国古代城市的轴线秩序

除此之外，中轴线设计不仅体现在东航站区规划上，还延伸到 T5 航站楼建筑本身、室内装饰、庭院景观及关键流程设施设备等方面，例如值机柜台、空侧捷运系统、行李系统等也沿着这条中轴线进行功能布局，这种布局方式不仅是为了追求形式上的对称，更是基于对机场运营流程和旅客体验的深刻理解，通过中轴对称布局，各类人流动线和物流动线能够高效运行，旅客与

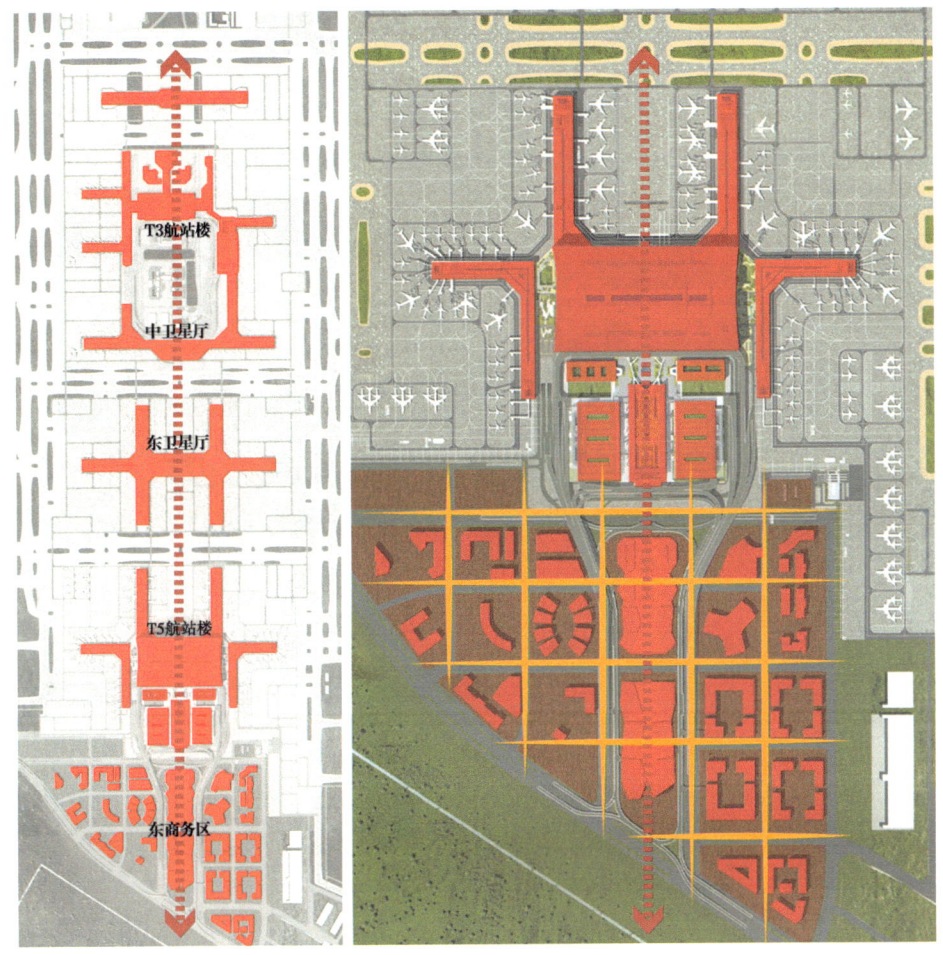

图 3-15　东航站区规划平面图

行李的转运距离实现最小化，同时也极大增强了 T5 航站楼空间的导向性和可识别性，使乘客在繁忙的旅程中能够迅速定位。

2. 主从关系

主从关系是指建筑群体中不同功能建筑的层次关系，反映了中国传统文化中的等级观念和秩序观念，体现了建筑群体中不同建筑的地位和作用。中国传统民居四合院便是体现主从关系的最好案例。在四合院中，北房的中间一般是客厅或祖堂，两侧由长辈居住，厢房由晚辈居住，垂花门前倒座为外客厅，因此四合院这种日常居住空间环境反映了宗法观念中的尊卑、内外等秩序规范（图 3-16~图 3-18）。

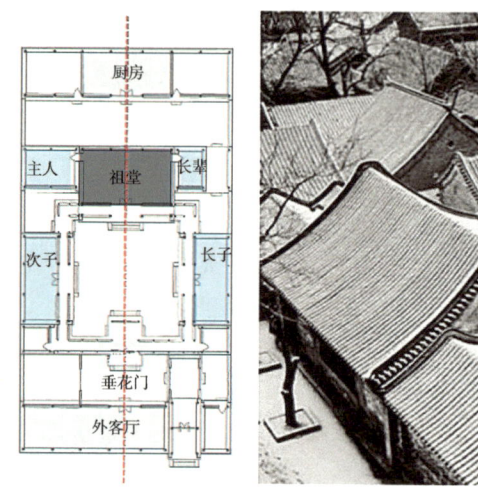

图 3-16 传统民居
四合院的平面布局

图 3-17 传统民居四合院的空间布局

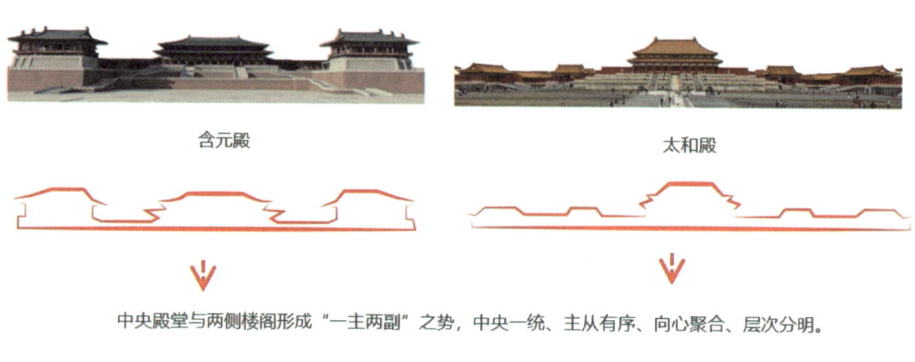

含元殿

太和殿

中央殿堂与两侧楼阁形成"一主两副"之势，中央一统、主从有序、向心聚合、层次分明。

主楼与指廊 "主殿"与"配楼"

图 3-18 传统建筑主从关系

在现代航空港规划中，主从关系是一种常见的空间结构，也是提升机场整体运行效率和旅客体验的重要策略，它通常体现在主要功能空间与辅助功能空间的相对关系上，即将航站楼、交通中心等主要功能空间布置在机场中心位置，进而围绕主要功能空间分散、对称布置道口、机坪等功能设施，这种关系使得主要功能空间与辅助功能空间的联系最便捷，使整个建筑群能够和谐共存（图 3-19）。西安咸阳国际机场东航站区规划延续了中国传统哲学思想中的主从关系，将 T5 航站楼、T5 综合交通中心布置在机场跑道中间，

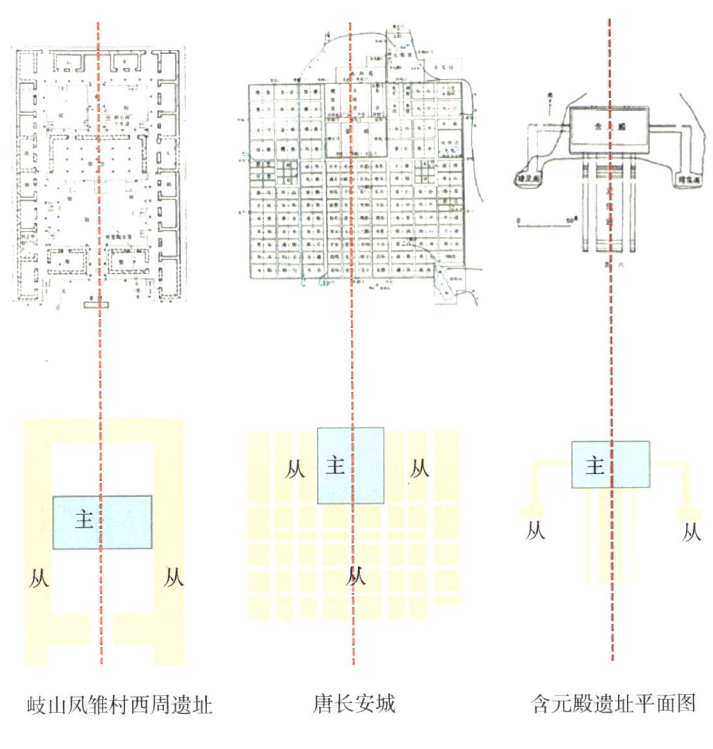

岐山凤雏村西周遗址　　　　唐长安城　　　　含元殿遗址平面图

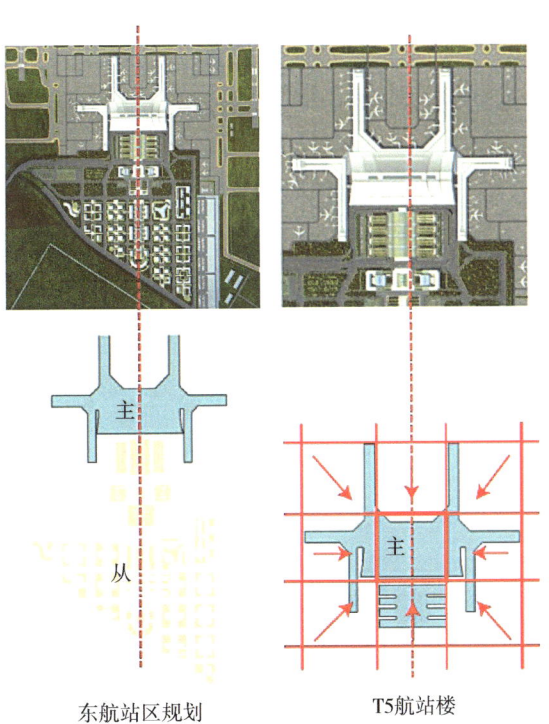

东航站区规划　　　　T5航站楼

图3-19　东航站区主从关系对应

进而围绕主要建筑分散布置了信息中心、货运区、道口及商务区，整体规划形成众星拱月之势，使整个航站区成为主从有序的统一整体。同时，将T5航站楼主楼、旅客换乘中心布置在中间位置，两边分别对称布设了候机指廊、停车楼等功能设施，从而提高了旅客在不同功能空间的转换效率（图3-20、图3-21）。

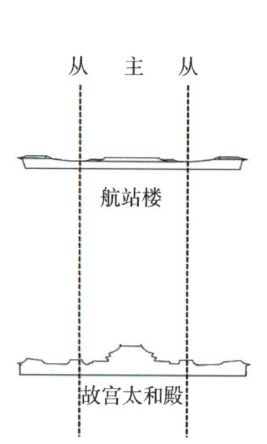

图 3-20　T5 航站楼与故宫建筑轮廓

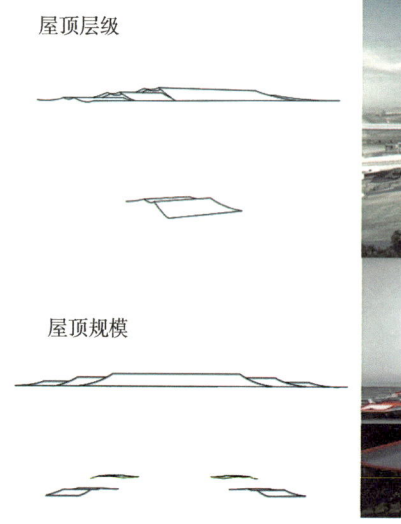

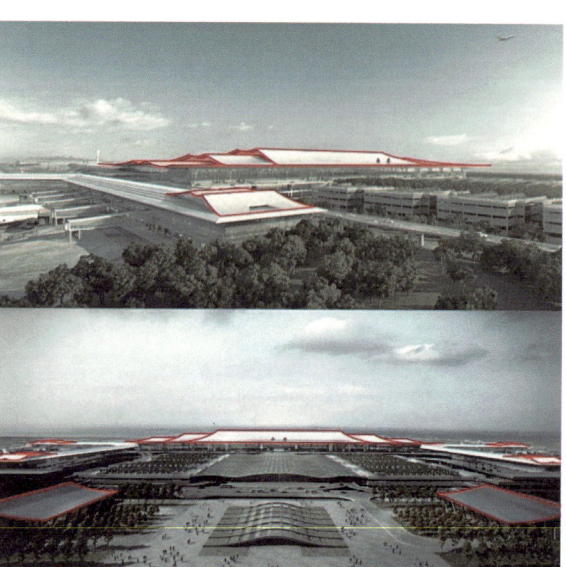

图 3-21　T5 航站楼屋面主从关系

人文机场研究与西安实践

3. 空间序列

人们从事的很多活动都是在一定的空间范围内进行的，一般来讲，人们在空间中行走，往往会按照一定的顺序从一个功能区转换到另一个功能区，而这个顺序就是空间序列。空间序列是指空间的先后顺序，是各个功能空间按一定的流线、方向组织起来的起、承、开、合等转折变化。中国传统建筑历来注重营造空间序列，通常按照一定的次序，以院落为单位，沿纵深方向错落布置，形成起始、发展、高潮、尾声的空间秩序，这种空间秩序既体现了建筑群体的整体美感，同时通过空间的起伏转换，引起人们心绪的抑扬变化，带来逐层递进的空间体验。

作为世界上现存规模最大、保存最为完整的木质结构古建筑群，故宫以营造空间序列见长，其建筑群沿中轴线连续、对称、院落式布置，各个院落大小错落，主次分明，形成一整套空间序列，从午门前的广场开始，经过午门、金水桥、太和门、太和殿、中和殿、保和殿达到顶峰，穿过乾清门，到达乾清宫、交泰殿和坤宁宫，这是整个中轴线上的一个小高潮，最后穿过坤宁门，御花园就是整个空间序列的结尾，从而一整套空间序列强化了建筑的心理变化（图3-22）。

随着港城融合的发展，机场与城市的边界越来越模糊，航站区的规模和功能也逐渐增加，这些因素无形中增加了旅客在整个城市空间对航站楼的辨识难度；而合乎逻辑的空间序列具有明确的空间导向，将机场与城市作为一个连续、和谐的整体进行统一规划，能够自然而然地引导旅客，提示旅客先注意什么，再注意什么，进而有条不紊地将旅客从城市空间引导到航站区空间。西安

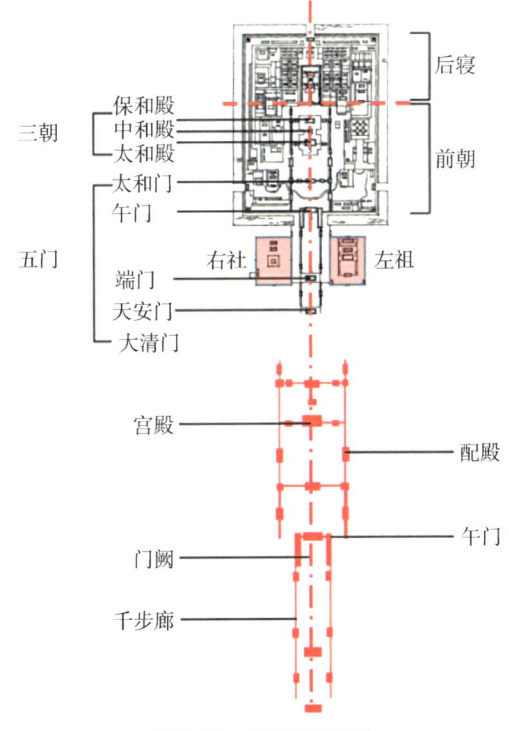

图3-22 故宫空间序列

咸阳国际机场东航站区规划引入中轴线，强调空间序列和整体空间的关联，规整的直线构型和模块化方格网空间形态体现传统城市的礼法，与古长安、大西安规划血脉相连，整个东航站区建筑群的空间组织关系创造了一种层次分明、仪式感强烈的体验空间。以站前商务区的喧嚣与活力为序章，经过 T5 航站楼的创新流程体验，将旅客引入旅程的高潮，最后在繁忙而有序的机坪中落下帷幕。除此之外，这种空间序列还应用在了 T5 航站楼中，从宏伟的入口广场开场，象征着旅途的开始与期待；到值机区、安检区逐步过渡空间，层层递进，引导旅客经历从公共到私密的心理转变；再到候机大厅的核心高潮，这里既是等待的场所，也是展示航空文化与艺术的舞台；最后，旅客通过登机桥空间则是尾声，这种细腻而深刻的空间编排，不仅高效引导着旅客流动，也赋予了每一次旅行更多的故事与情感（图 3-23）。

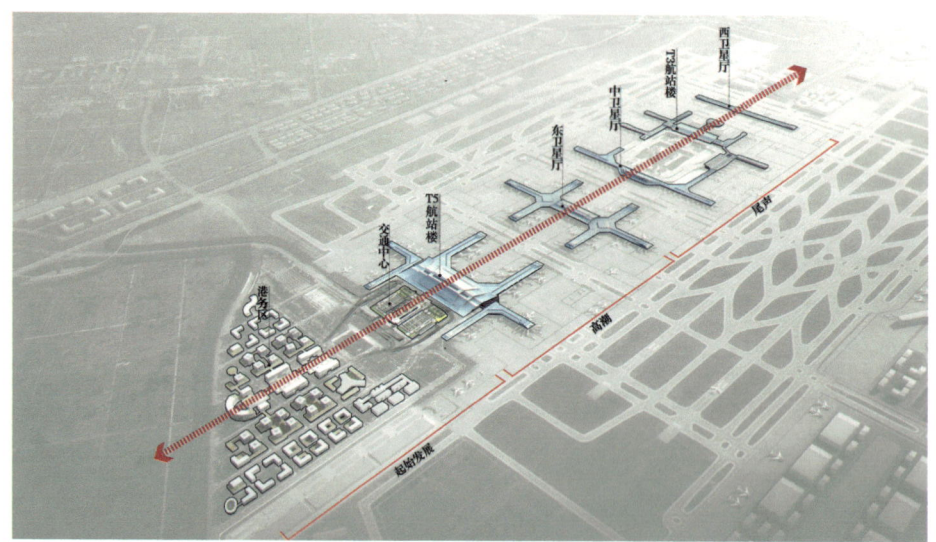

图 3-23　西安咸阳国际机场空间序列

3.3　T5 航站楼建筑布局

航站楼是机场为航空旅客提供服务保障的重要场所，也是旅客开始、结束或继续空中旅行的地方，是城市的地标性建筑和对外交流的窗口，因此好的建筑设计，能与城市文化相呼应，也能为城市增光。作为大型地标性建筑，T5

航站楼坚持功能优先、效率优先，采取一体化规划和模块式设计的思路，融入古建精髓，注重航站楼的空间体验、流程组织、交通换乘和外观造型的协同发展，整体建筑汲取唐大明宫含元殿的建筑形象，由一个集中式主楼及六个指廊构成，似"宫殿"与"阁楼"，主体形象完整、丰满，航站楼外观既具中国古典韵味又充满现代气息，体现出对中华传统文化的传承与发扬，与西安千年古都和国际化大都市的定位吻合，标识性更强，是为西安量身定制的（图3-24）。

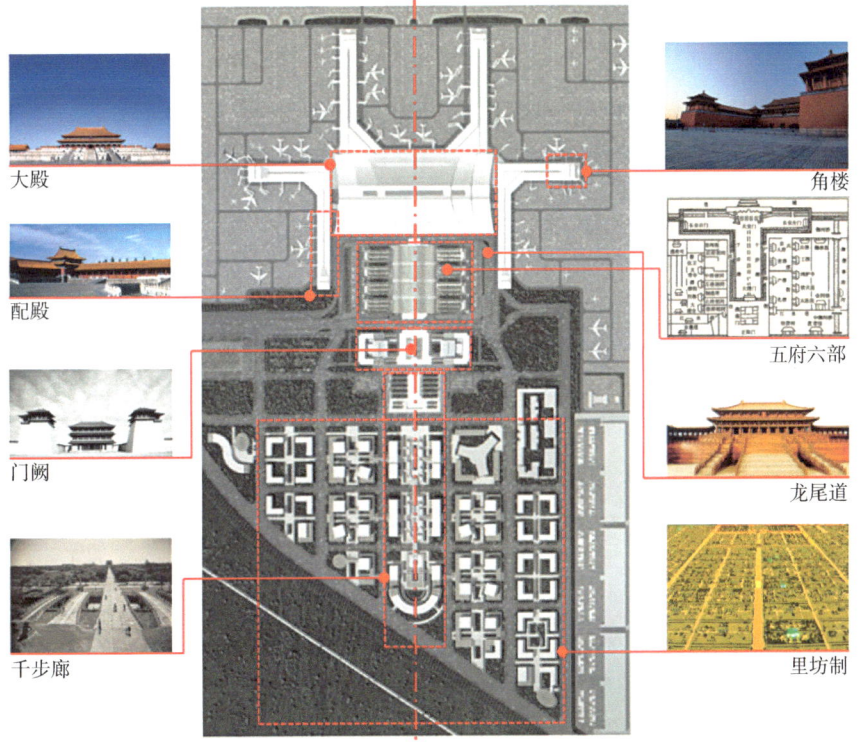

图 3-24　机场建筑对应传统建筑

3.3.1　建筑布局原则

1. 合理的航站楼构型与机位布置

T5 航站楼设计本着高效、合理、集约使用土地的原则，尽可能实现空陆侧容量平衡，有效利用站坪空间，提供数量充足的近机位，提高航空器地面运作和滑行的效率。

2. 打造具有鲜明地域特征的航空建筑

T5 航站楼是西安咸阳国际机场的核心建筑，是陕西新时代对外开放的门户建筑，通过创新文化表达的方式，全面展示了西安这座历史文化名城独特的文化底蕴和当代建筑的科技艺术。

3.3.2 文化理念体现

T5 航站楼的建筑造型融合了西安地域文化的精髓和现代化航空港的特征，汲取汉唐自强不息的精神和大度包容的礼仪之邦气质，提炼汉风唐韵最深层次的精神文化内涵，以创新的设计手法和现代建筑材料，实现现代化机场与中华优秀传统文化的有机融合，展现出西安咸阳国际机场作为向西开放的大型国际枢纽所蕴含的风范和气度。

1. 重檐三叠，双坡双脊

中国传统建筑是屋顶的艺术，屋顶是建筑的"第五立面"，是建筑最具特点的部分。同样，作为整个航站区的统领性建筑，航站楼的屋顶形式就是航站楼最突出的特征，彰显了整个航站区的形象。因此，T5 航站楼主楼大屋面造型设计在机场建筑大空间和工艺流程需求的基础上，通过对中国传统建筑形象的抽象提炼，形成重檐三叠和双坡双脊。

重檐三叠。中国古代建筑的类别有很多，屋顶形式也有很多，屋顶的檐部设置同样也不是单一的，主要包括单檐和重檐。重檐是指有两层或两层以上屋檐的建筑，重檐的主要作用是使建筑顶部更富有层次感、庄严感，进而使建筑外观更加丰富有趣，具有欣赏价值，体现了建筑的韵律美。在我国传统建筑中，重檐的设计有一定的等级象征，重檐多出现在皇家建筑及园林中，例如西安钟楼就是一座重檐四角攒尖顶的楼阁式建筑（图 3-25）。

在 T5 航站楼屋面设计中，首先将其大屋面化整为零，对主楼屋面进行划分，突出中央主体，保证屋顶的统一性和整体性；其次对主楼的檐口进行曲线处理，使航站楼屋面形成柔美的曲线轮廓；进而将两侧的屋檐渐次降低，最终形成了"重檐三叠"的屋面（图 3-26）。T5 航站楼"重檐三叠"的设计不仅是对古代中国建筑艺术的提炼和转译，其设计和构造也深刻显示了其现代意义和价值。

图 3-25　西安钟楼

将屋顶化整为零，对主楼屋面进行划分，突出
中央主体，保证屋顶的统一性、整体性。

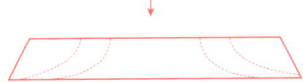

对檐口进行曲线处理，传统屋面曲线的柔美轮廓。

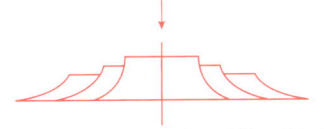

将两侧屋檐渐次降低，形成"重檐三叠"屋面，
主从有序、中央殿堂。

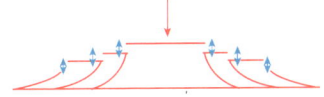

屋面两侧叠落处可以设计为侧窗，减少
天窗面积，避免屋面漏水问题。

图 3-26　重檐三叠

一方面从结构力学平衡方面考虑，通过精确计算，"重檐三叠"的建筑设计使得每一层檐口在承受自身重量的同时，还能平衡整体建筑结构的负荷，这种设计有效分散了建筑的压力点，使建筑更加稳固。另一方面，"重檐三叠"的阶梯式结构为室内提供了不同高度和角度的光线，创造了丰富的光影效果，这种设计同时考虑到了照明和视觉隐私的保护，使得航站楼内部空间更加生动且具有层次感。另外，根据季节变化和太阳高度角的不同，"重檐三叠"还能够调节太阳光的摄入，例如夏季减少热量的摄入，冬季则允许更多阳光进入，提高室内温度。除此之外，"重檐三叠"设计有利于航站楼雨水的动态分流，即通过对 T5 航站楼每层檐口精准计算倾斜角度和防水结构，确保雨水可以迅速地向外部分流，避免水渍在墙体或梁柱上积聚，保证了雨水的顺畅引导。最后，通过"重檐三叠"的屋顶设计，T5 航站楼的内部空间更加彰显出庄重的仪式感，其逐步升高的重檐在视觉上延伸了空间高度，使得室内空间显得更加宏伟与气派。

双坡双脊。脊刹是建筑的屋顶两坡面相交隆起之处，最初是一种防漏措施，后演变成优美的曲线轮廓和活泼的屋顶装饰。脊刹也是中国传统建筑重要的组成部分，其分类多样，形态独特，是中国传统建筑文化的重要代表之一。

对于航站楼等大型公共建筑来讲，单脊屋顶往往由于距屋檐檐口距离过大，屋面举折过于平缓，影响建筑的立面效果；而双脊屋顶通过合理地控制屋顶与檐口的距离，增加屋面举折，达到适宜的视觉效果，同时也能消解巨大屋顶带来的压抑感。T5 航站楼整体建筑造型延续中国传统建筑坡面与屋脊的关系，采用"双坡双脊"的设计手法（图 3-27）。

首先，"双坡双脊"的设计手法，增加了航站楼的屋面层次，消解巨大屋顶带来的压抑感，同时两侧的返曲线坡面增强了室内空间的延伸感，结合顶面采光自然形成恢宏、通透的空间格局，提升了整体空间的氛围。其次，"双坡双脊"的设计手法还提高了建筑的稳定性，通过增加屋脊数量，屋顶的重量能够更均匀地分布在墙体和支撑柱上，有效分散屋顶受风压力，有助于提高航站楼整体结构的安全性。同时，T5 航站楼主楼中部双脊隆起的造型更加适合航站楼大空间的需求，双脊之间的采光天窗解决了航站楼中部的采光

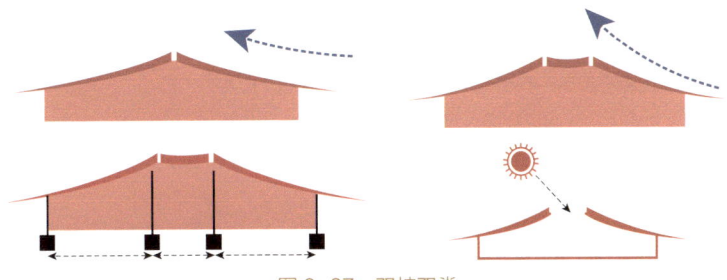

图 3-27 双坡双脊

问题，也对旅客流程起到引导作用。另外，双坡屋顶设计允许更多自然光进入室内，特别是在开设天窗的情况下，可以显著提高室内光照，降低能源消耗。最后，双坡双脊的屋顶线条流畅，形态优雅，能够提升建筑的外观美感，给人以美的视觉享受和文化体验。

2. 殿堂式的建筑意向

"千官望长安，万国拜含元"，这句诗描写的是唐朝时期，大明宫含元殿前，千官朝拜和万国来朝的盛况。含元殿是大明宫的前朝第一正殿，也是唐长安城的标志建筑，一直以来是国家举行重要仪式的地方。含元殿是一个建筑群体，主殿面阔 11 间，坐落于 3 层大台之上，殿前方左右两侧稍前处，建有翔鸾阁和栖凤阁，整个建筑群呈巨大的"凹"字形。含元殿体量巨大，气势壮丽，极富精神震慑力（图 3-28）。

图 3-28　含元殿的建筑轮廓

T5 航站楼汲取唐大明宫含元殿的建筑意向，由一个集中式主楼和六个指廊构成，中央殿堂与两侧楼阁形成"一主两副"之势，呼应了"宫殿"与"阁楼"，凸出了中央航站楼与两侧六指廊端头部分（图 3-29、图 3-30）。T5 航站楼的主楼采用功能垂直叠加的处理手法，功能紧凑的主楼加上发散状的指廊，很好地解决了集中式航站楼步行距离较长的通病，使每个指廊的步行距离都相当（图 3-31）。

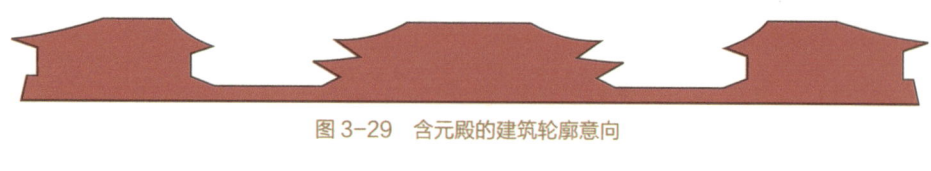

图 3-29　含元殿的建筑轮廓意向

图 3-30　T5 航站楼的建筑轮廓意向

图 3-31　T5 航站楼

第 4 章　多样态的文化表达

4.1　东航站区景观营造

航站区是城市交通基础设施的重要组成部分，联系着航空运输与城市各类交通方式，是旅客对机场所在城市的第一印象，其景观空间直接反映了城市的品牌形象，承担着彰显城市风貌的职责，因此，简约大气、特色鲜明、绿色低碳、以人为本是其未来发展的趋势。近年来，随着航空业务量的不断增长和航站区建筑空间品质的不断提高，国内机场的航站区广场景观空间发展较快，特别是航站楼站前广场已逐渐具有交通通行、形象展示、公共活动、绿地休憩等综合性功能，其景观空间提升对改善机场形象、增强城市吸引力具有重要作用。

4.1.1　360°视觉环绕的全域景观空间

东航站区景观空间规划立足于西安咸阳国际机场的空中枢纽定位，结合场地内的客观条件，用园林化手法，延续地域文脉，彰显时代特色，塑造人文景观，弱化建筑棱角的生硬感，塑造楼在景中、景楼一体的设计融合感，景观空间与T5航站楼、T5综合交通中心（GTC）等建筑群体融合，突出大气磅礴、简洁鲜明的景观设计风格，打造形成360°视觉环绕的全域景观空间（图4-1）。

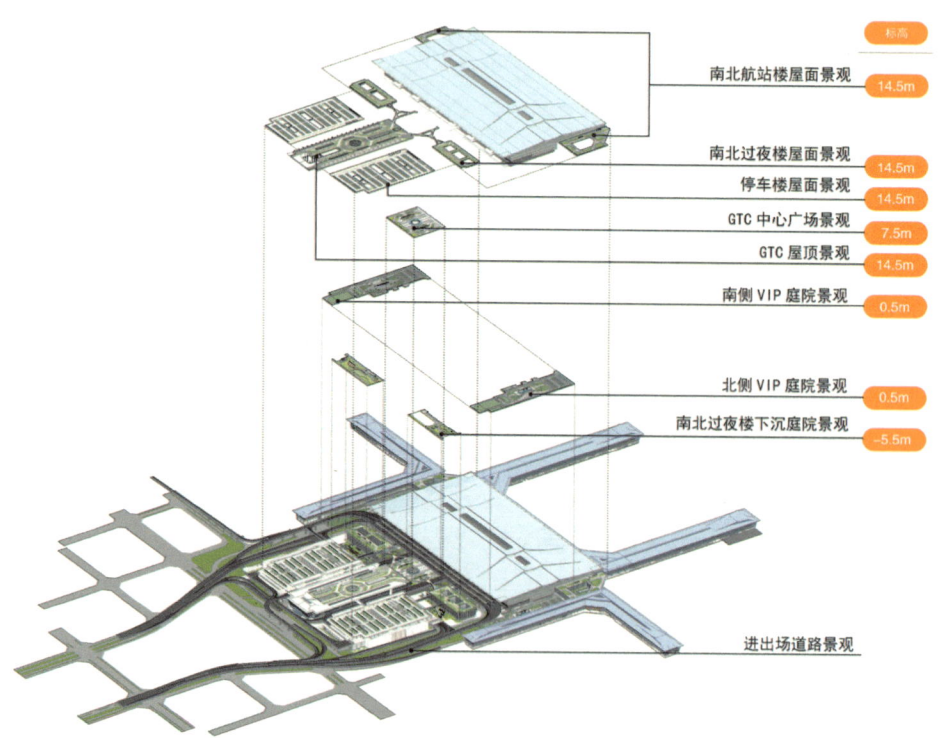

	标高
南北航站楼屋面景观	14.5m
南北过夜楼屋面景观	14.5m
停车楼屋面景观	14.5m
GTC中心广场景观	7.5m
GTC屋顶景观	14.5m
南侧VIP庭院景观	0.5m
北侧VIP庭院景观	0.5m
南北过夜楼下沉庭院景观	-5.5m
进出场道路景观	

图 4-1　360° 视觉环绕的全域景观空间

　　在东航站区 360° 视觉环绕的全域景观空间规划中，采取宏观视角，不仅注重视觉美学，而且深层次地探索空间与人的互动关系，巧妙地将自然景观与建筑融合，利用曲线和直线的张力，创造出动感与静态的平衡美。具体讲，在遵循功能优先、流程合理的基础上，一是坚持文化表达的特色化，提炼陕西深厚的地域文化资源，加强文化元素的转译，在景观空间规划中融入地域文化特色，充分彰显中华优秀传统文化和时代精神，使机场成为传播优秀文化、增进文化交流的平台；二是坚持景观的互动体验性，不断穿插水景、绿植、光影，引入互动式、场景化的设计元素，加强人与景观、人与人之间的互动交流，不仅增添了空间的生动性，也提升了旅客在景观空间的参与感和体验感；三是坚持景观表达载体的多元化，应用绿化、水体、雕塑、浮雕、铺装、小品、夜景灯光等多元化载体，以实景展示、象征寓意、动静结合、远近结合等不同手法，将旅客主动带入到机场营造的场景中，使旅客全方位感受到机场的人文气息。

　　　　　　　　　　　　　　　　　　　人文机场研究与西安实践

4.1.2 核心景观空间

在统一的主题理念引导下，以"汉唐丝路长安颂，秦山渭水空港情"为核心理念，整体形成"一轴一心、三台三顶、四院四街"的空间布局，为旅客提供一次博览万千、智化未来的沉浸式旅程（图4-2）。其中，"一轴"为东西纵向的中心生态轴，"一心"为航站区陆侧中心广场；"三台"是指T5航站楼西侧中部的室外观景平台和主楼南、北两侧的两个屋面，"三顶"是指旅客换乘中心、旅客过夜用房和停车楼的三处屋顶；"四院"为T5航站楼南、北两侧贵宾厅的两处庭院及旅客过夜用房东侧两个下沉庭院，"四街"为东航站区的四条道路及街道景观。

1. GTC 中心广场区——"经纬纵横、长安盛世"

GTC中心广场是东航站区的核心地带，东侧衔接空港新城综合商务区，西侧衔接T5航站楼，是各类交通方式换乘的枢纽区域，也是不同功能空间转换的过渡区域，具有很强的人流、视觉聚集效应（图4-3）。因此，陆侧中心广场具有展示机场门户形象的重要作用，特别是大型机场，往往将陆侧中心广场作为重要的网红打卡点进行景观空间打造。

图 4-2　景观布局效果图

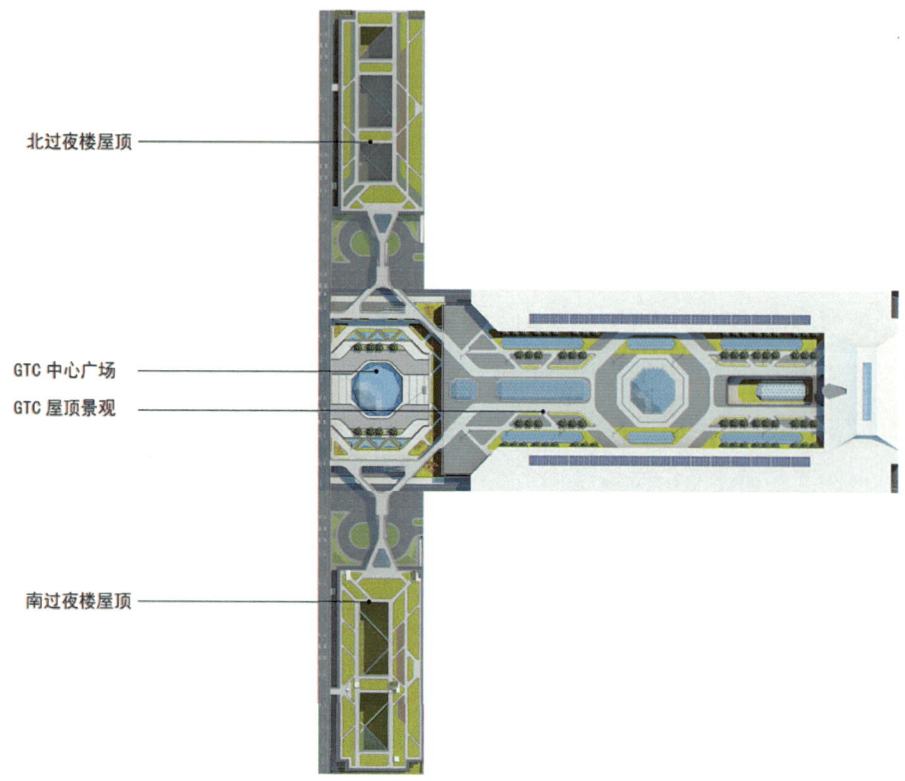

北过夜楼屋顶

GTC 中心广场

GTC 屋顶景观

南过夜楼屋顶

图 4-3　T 字核心景观区

作为旅客进离机场的第一区域，东航站区 GTC 中心广场景观空间以"经纬纵横、长安盛世"为主题，一方面延续东航站区既有的中轴线秩序，对称布置草坪绿化、地面铺装、座椅设施等，整体呈现"大气、亮丽、现代"的文化特征；另一方面重点打造 T5 航站楼二层（7.5m）广场，提炼城墙等西安古城特有的文化元素，选取赭石色、褐色、橙色、黄色、青灰色作为基调颜色，通过迎宾小品、五彩互动装置、夜景灯带、特色的中式铺装及休闲座椅等，加上开放的草坪，为旅客营造开敞、活泼、沉浸式的景观空间（图 4-4~图 4-6）。

2. T5 航站楼南侧贵宾庭院——"中华艺术、盛唐回响"

庭院是一种内向空间，是建筑功能空间的外在延伸，主要是由建筑物包围的场地，与人近距离接触，关系密切。因此，庭院景观设计要以人的使用为出发点，将人的体验和使用感受融入景观设计，通过空间组织、景观布置、植物配置等体现对人的关怀。

　　　　　　　　　　　　　　　　　　　　　　　　人文机场研究与西安实践

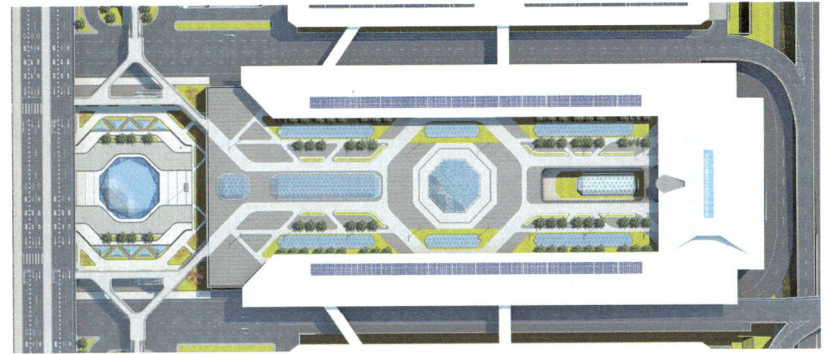

图 4-4　GTC 中心广场景观空间规划

图 4-5　GTC 中心广场效果图

（a）

图 4-6　GTC 中心广场效果图

（b）

图4-6　GTC中心广场效果图（续）

商务贵宾庭院位于T5航站楼南侧商务贵宾厅门前，是旅客等候、落客及停车的主要场所，也是商务贵宾厅的形象窗口。因此，该区域是重要的景观节点，承担着文化展示、游客休憩的重要作用。在景观空间设计中，选取了唐朝时期的绘画、雕塑两种文化元素，通过特色水景、雕塑艺苑、画卷景墙、地面铺装等，将原本平铺直叙的空间创造出步移景异的景观效果，随水流之势，辅以置石点缀，利用借景、漏景与对景的传统造园手法优化视觉体验，将行人游览与休憩空间良好结合，全方位展现了盛唐绘画、雕塑的伟大成就（图4-7、图4-8）。

图4-7　东航站区一层（0.5m）商务贵宾庭院空间规划

　　　　　　　　　　　　　　　人文机场研究与西安实践

（a）

（b）

图4-8　南侧商务贵宾庭院效果图

　　屋顶庭院位于T5航站楼南、北两侧，旅客可以从航站楼三层（14.5m）进入该庭院游赏休憩，主要服务于T5航站楼的头等舱、公务舱旅客。该景观空间以"诗歌长廊"为主题，选取盛唐时期代表性的诗歌，力求突破单调的形式，以大面积绿化为主要设计元素，简单干净的绿地空间形态，通过树钵、地面铺装等进行呈现，从而提升整个景观空间的文化品位；同时布置条石坐凳，为游客营造舒适的观景环境（图4-9、图4-10）。

3.机场道路——"唐韵绕长安"

　　道路景观是道路使用者（驾驶员和行人）视野中的道路线形、构筑物和

图 4-9 南侧贵宾庭院屋顶景观效果图

图 4-10 T5 航站楼三层（14.5m）屋顶景观效果图

周围环境组成的图景。道路景观是一种动态景观，道路使用者的视野往往随着运行的车辆不断向前移动，这种景观对行车的安全和乘员的舒适影响很大，不仅可以美化空间、降低噪声、净化空气，而且能够缓解道路使用者的疲劳感。因此，该区域景观不应复杂，以简单的流线型景观为主，重点从美学角度出发，在满足道路功能的基础上，充分考虑道路使用者的舒适性和与周围环境的协调性等。

东航站区道路景观空间包括进场道路沿线区域、离场道路沿线区域及机场落客区景观空间等，以"唐韵"为主题，充分考虑道路使用者的生理和心理需要，通过绿化、微地形、雕塑、景墙等打造舒适、快捷的机场道路景观空间，彰显机场从容自信、大气包容及古风古韵的城市气质。具体讲，打造机场的特色景观大道，以樱花作为主要树种，在机场的进离场地面道路打造了两条樱花大道，作为机场的迎宾和形象展示区，同时加上秋色树带的映衬，为旅客呈现四季交替的变化；注重道路驾驶的功能需求，为减少驾乘人员的视线盲区，在道路的转弯区域、道路交叉口，采用小乔木、灌木和地面绿化结合的方式进行各种几何图案或变形设计（图 4-11、图 4-12）。

4. 夜景照明——"领航之港、飞扬神韵"

近年来，随着照明技术的不断发展，夜景照明逐渐成为景观空间规划中不可或缺的一部分。除了能够满足基本的照明需求外，夜景照明更是一种艺术表现形式，对提升城市形象具有非常重要的作用。东航站区夜景照明主要包括景观夜景照明和建筑泛光照明两部分。以传统文化为基础，浓缩汉唐建筑的精髓和气韵，用最简洁的灯光进行传承和延续，将"长安盛殿，丝路新港"的概念在时间上进行延伸，以"领航之港，飞扬神韵"为主题，彰显殿恢弘、景怡人、道亨通（图 4-13）。

图 4-11 东航站区道路沿线景观效果图

图 4-12　进出场缓冲景观

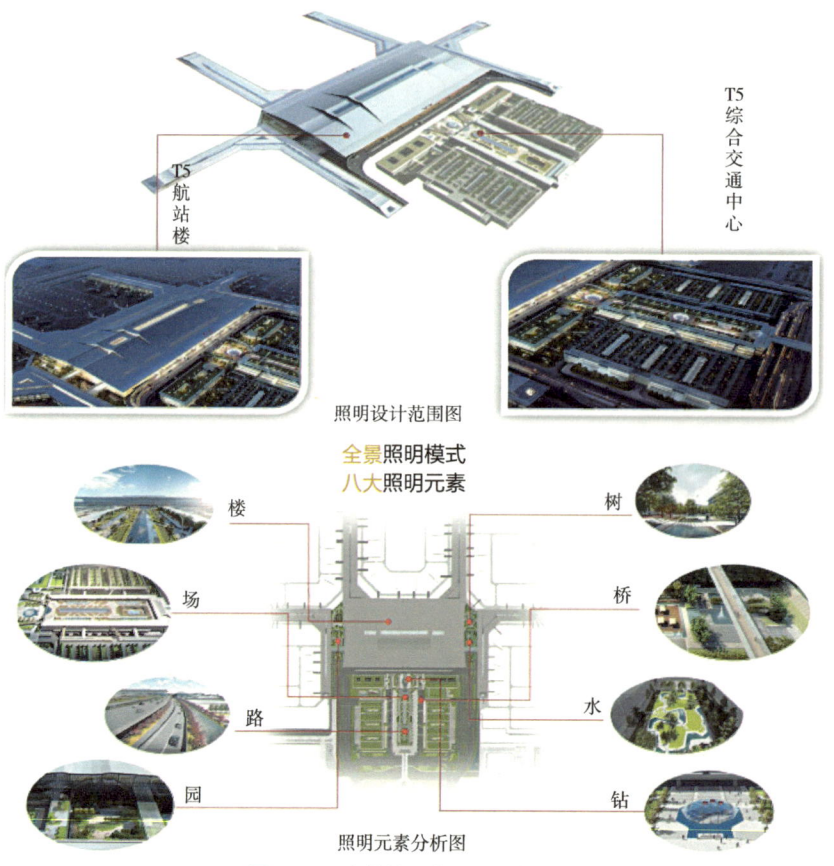

T5航站楼

T5综合交通中心

照明设计范围图

全景照明模式
八大照明元素

楼

场

路

园

树

桥

水

钻

照明元素分析图

图 4-13　东航站区夜景照明分析图

东航站区景观夜景照明主要覆盖陆侧中心广场、旅客过夜用房及停车楼屋顶、贵宾厅庭院、道路交通沿线等，重点通过LED灯带、草坪灯、射灯、路灯、灯柱等形式，丰富景观夜间空间的层次，强化景观的仪式感和韵律感，增加景观的艺术魅力和文化氛围。例如，在陆侧中心广场迎宾小品前方设置多处射灯，在夜间映衬出景观小品的整体形象，同时沿人行地面铺装道路设置LED灯带，整体上使中轴线的夜间景观更具感染力，与陆侧中心广场的主题理念遥相呼应。另外，在T5航站楼两侧的围合庭院中，还采用了草坪灯、灯柱、射灯等低位照明方式，凸显景观雕塑及水系照明，强调空间主题（图4-14）。

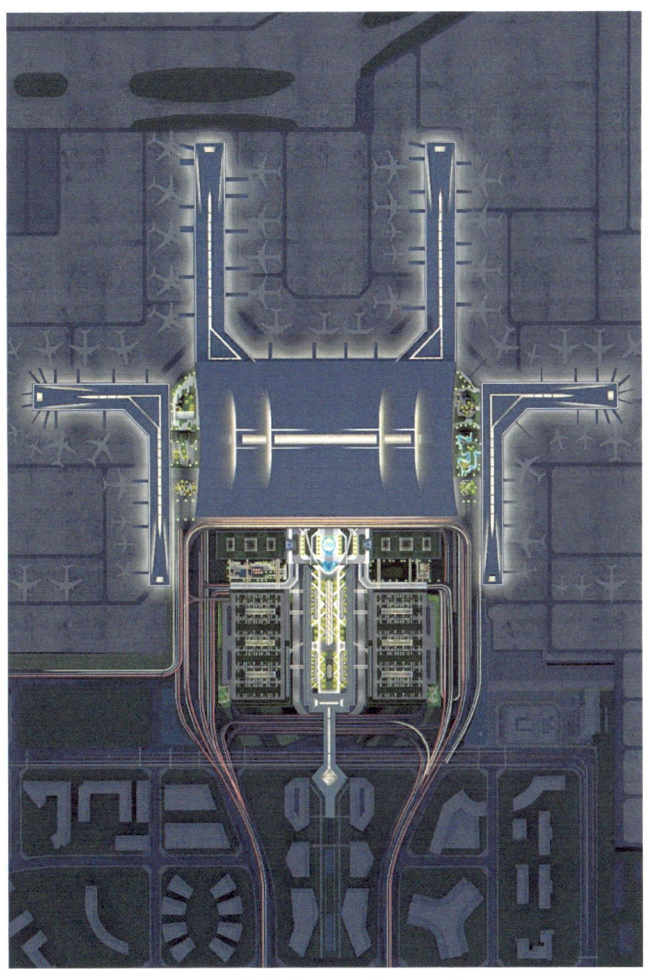

图4-14　东航站区景观夜景照明效果图

建筑泛光照明是在夜间投光照射建筑物外部的一种照明方式，以突出建筑的美感和轮廓。在泛光照明设计中，T5航站楼建筑外立面照明以暖白光色为主调，将中国书法元素融入夜间照明，运用写意的手法对建筑轮廓进行勾勒，呈现行云流水、飞扬洒脱的夜景形象。在表现方式上，T5航站楼顶部运用线条灯表达传统书法的运笔手法，对建筑三重檐位置进行刻画塑造，赋予建筑夜间的神韵，顶部侧面天窗在结合内透光的同时，在外檐部分增加投光，把内透光向外顺延，让光与建筑结合更加自然。对于旅客过夜用房、T5综合交通中心，考虑整体建筑体量大，不同建筑高度基本一致，在表现手法上相对简洁，在转角位置强化建筑之间的体量关系，中间部分运用自然线条方式进行连接处理，灯光全部运用间接光，使光更加柔和、内敛（图4-15）。

图4-15　T5航站楼侧面泛光照明效果图

4.1.3　景观空间的视线背景

景观空间的品质往往由视线最终的落点决定，视线背景对航站区这类公共景观空间至关重要，旅客在航站区始终是动态行走的，合理规划旅客的视野点位，能够使其对景观空间留下更为深刻的印象。在视野规划方面，东航站区景观空间非常重视旅客的视线背景，以T5航站楼为背景，合理规划了多个视点位置，例如T5综合交通中心屋面成为以航站楼主立面为背景的超大屋顶景观广场，建立旅客与建筑的直接对话，为即将进入航站楼的旅客铺垫情绪，同时也给即将离开机场的旅客留下深刻印象。同时空侧停机坪也是非常重要的景观视点，飞机在滑行过程中，旅客能够通过舷窗看到航站楼的侧立面，"重檐三叠、双坡双脊"的屋面造型第一时间便可进入旅客视野，快速形成对 T5 航站楼的第一印象，将空间体验延伸至室外机坪空间（图4-16）。

图4-16　T5航站楼侧面效果图

4.2　T5 航站楼室内空间

作为一个地区的门户建筑，航站楼公共空间设计已经成为影响航站楼室内空间品质的重要因素，公共空间在满足基本流程空间需求的同时，也应该创造出一个富有人文气息的空间环境，形成独特的航站楼空间品质，地域文化因素在室内空间氛围营造中起着越来越重要的作用。在 T5 航站楼室内空间设计之初，本项目就考虑地域文化因素与空间设计的关系，通过室内装修、室内景观等载体，全方位彰显地域文化，为旅客提供宽松愉悦的空间氛围以及舒适的出行体验。

4.2.1　航站楼的空间构成

航站楼空间构成充分考虑了地域文化，通过色彩搭配以及历史元素来展现长安的文化内涵。室外吊顶与室内顶棚设计融入象征性符号或抽象化表现形式，以加强整个空间的主题性和连贯性。此外，室内还通过动态天幕的方式展示独特的文化魅力。这些举措为来往旅客提供丰富多元且充满活力的文化体验场所，不仅提高乘客对机场的整体满意度，也为推广和保护地方文化遗产做出积极贡献。室内装修与景观布置充分体现了古都长安的风貌与丝绸之路的意象，巧妙融合了传统与现代的元素，使得整个空间既展现出古都的历史底蕴，又呈现出现代化的活力。此外，航站楼内部还设置了多个景观区域，如小型古建、水景等，为旅客提供了一个宜人的休息环境。这些景观区域加入了古长安城的元素，如传统的殿堂厅堂等，让旅客在繁忙的旅途中也能感受到古都的魅力。

4.2.2 室内装修

室内装修是一门综合性艺术。对于航站楼等大型公共交通建筑，室内装修更是一个涉及多种因素的复杂过程，不仅要满足基本功能需求，还要营造舒适、安全、有凝聚感的环境，同时也要符合公共场所的社会责任和道德标准。因此，本项目结合功能流程，选取地域性的文化元素，在重点公共空间打造标志性场景，丰富旅客文化体验。本节将着重阐述 T5 航站楼综合值机大厅和特色文化商业街区的内部装修设计思路。

1. "丝路轴线"：综合值机大厅

综合值机大厅位于 T5 航站楼三层（14.5m），是航站楼的核心功能区块，是整个建筑中空间体量最为高大、功能最为丰富的集大成者。因此，综合值机大厅的室内装修重点突出建筑内外的整体协调性，运用简洁纯粹的营造手法，将建筑外部长安大殿形态顺延而入，由表及里，秉承了大长安的文化渊源，在彰显建筑格局的主题上体现盛唐气象。

吊顶： 航站楼室外吊顶是旅客到达航站楼落客区的第一印象，其地位不言而喻。T5 航站楼陆侧挑檐长 500m、宽 27m、最低高度 12m，挑檐设计将长安盛殿的造型与车道挡风挡雨的功能相结合，延续航站楼的整体风格，将汉唐古建筑的檐口构造进行抽象简化，并通过金属格栅传达传统建筑椽子的文化意蕴；另一方面将深远的挑檐化整为零，形成层次变化，消解挑檐空间下的压抑感，同时挑檐格栅造型由外向内，由疏变密，避免高度受限的大空间下吊顶造型单调、无趣，增加造型元素的多样性（图 4-17~图 4-19）。

综合值机大厅室内吊顶继承传统之韵，以现代手法呈现建筑之美，延续室外吊顶的设计形态，提取丝路、绸缎、帐幔等元素，通过简洁的装饰线条覆盖建筑内部屋顶，整体吊顶造型层叠错落，如绸缎般连续、飘逸，轻盈通透，充满动感。同时，简练的线条也构造出具有视觉冲击力的空间形态，刚柔并重，力度与美感兼具，整体造型抽象表达了中国传统建筑吊顶的结构逻辑，现代大气，独特创新。另外，室内吊顶采用金属条形板有序留缝排列，东西两侧低点与中央天窗高点区域降低条板的排布密度，形成疏密对比变化，吊顶造型犹如在室内屋面覆盖了一张巨大而轻盈透亮的帐幔，流畅、飘逸，

图 4-17　T5 航站楼陆侧挑檐效果图

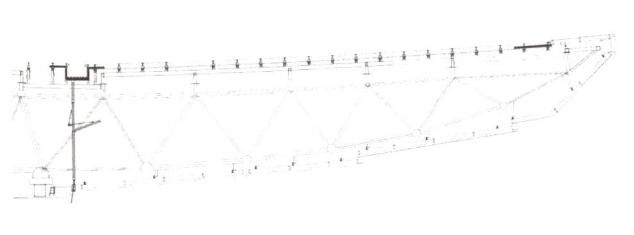

图 4-18　T5 航站楼陆侧挑檐构造示意图

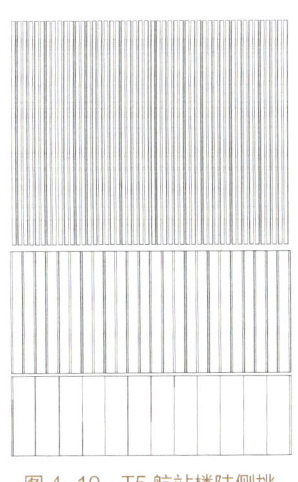

图 4-19　T5 航站楼陆侧挑
檐格栅造型图

凸显了建筑空间的特点，稳重大气，尽显素雅之美（图 4-20、图 4-21）。

立柱：综合值机大厅空间高，跨度大，同时贯穿丰富的通高空间，该空间的结构设计、管线一体化设计成为设计中的难点与重点。基于上述特点，本项目采用了"Y"形柱设计，具有空间适应性、结构适应性、风格适应性、多专业一体化等特点（图 4-22）。

图 4-20　T5 航站楼综合值机大厅室内吊顶效果图

图 4-21　T5 航站楼综合值机大厅室内吊顶实景图

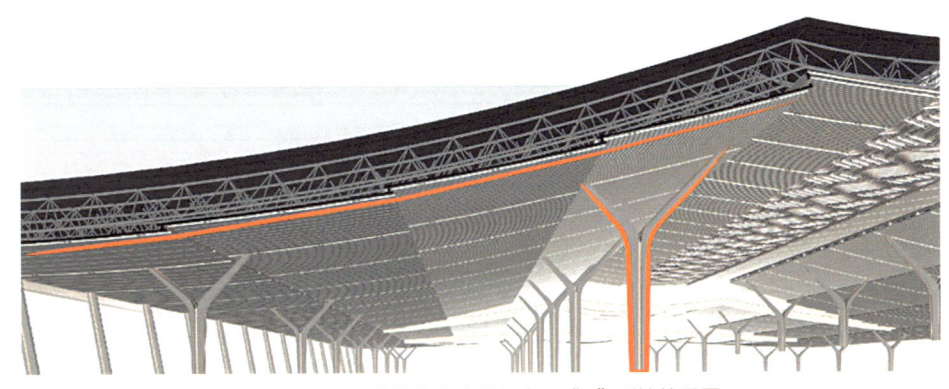

图 4-22　T5 航站楼综合值机大厅 "Y" 形柱效果图

　　空间适应性是指通过 "Y" 形柱的造型特点，增加室内空间层次感，并与弧形屋面有较强的适应性，使二者和谐统一。结构适应性是指 "Y" 形柱增加立柱与屋面的支撑数量，减少柱跨间距；同时根据建筑跨度不同，屋面结构采用变厚度设计，提高结构效率；Y 形柱与网架共同形成的三角形刚域，增加横向抗侧刚度，横纵两方向抗侧刚度差异较小，使结构设计与建筑造型需求相契合（图 4-23）。

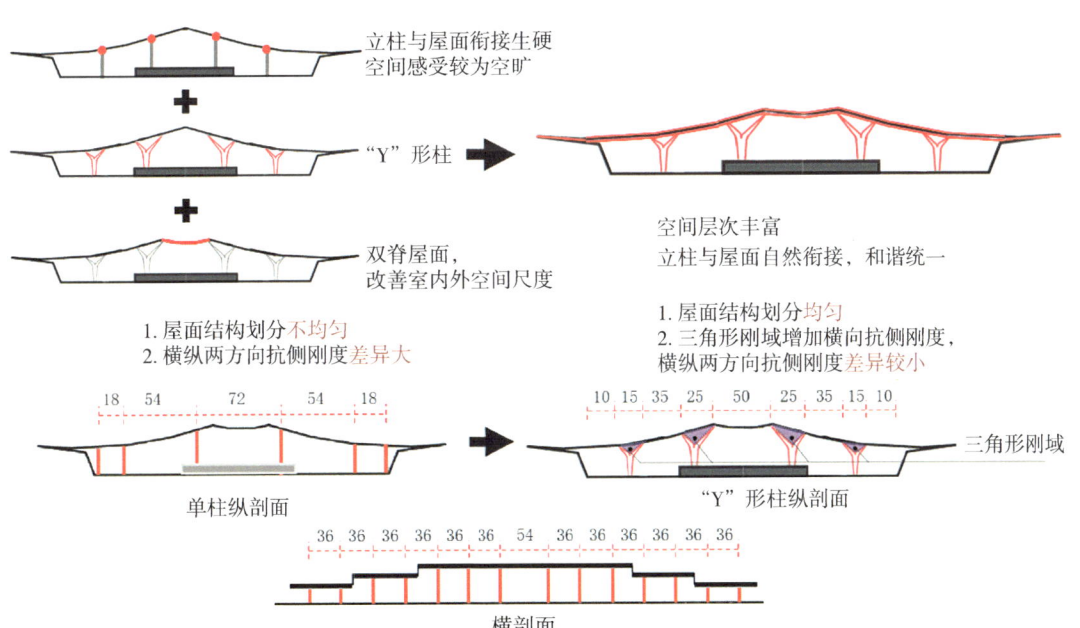

图 4-23　T5 航站楼综合值机大厅 "Y" 形柱的空间适应性和结构适应性

风格适应性是指"Y"形柱设计秉承传承与创新原则，提取唐代古建筑中结构构件"斗栱"的元素，对其进行抽象简化、化整为零等方式的处理，形成集斗栱意象与现代简约美于一身的立柱形式（图4-24、图4-25）。

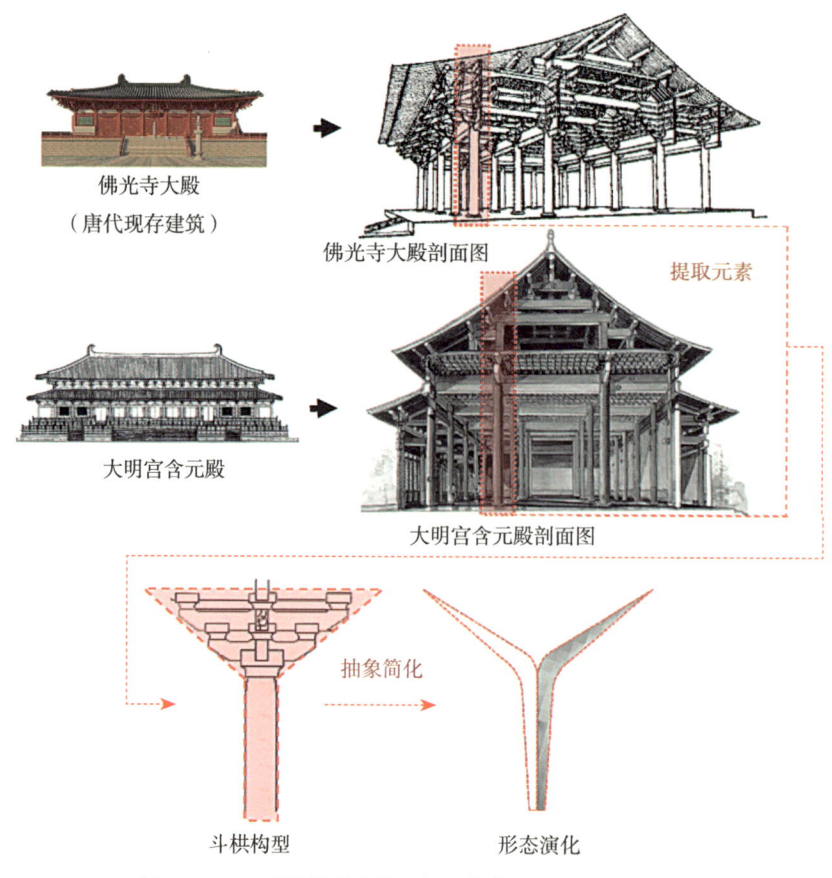

佛光寺大殿
（唐代现存建筑）

佛光寺大殿剖面图

提取元素

大明宫含元殿

大明宫含元殿剖面图

抽象简化

斗栱构型

形态演化

图4-24 T5航站楼综合值机大厅"Y"形柱形态演化图

多专业一体化是指"Y"形柱设计将各类水管、电线管等融入结构体系中，最大限度地隐藏设备管线。

天窗：天窗是T5航站楼综合值机大厅中最重要的设计元素之一。T5航站楼天窗纹样从传统汉唐建筑的经典纹饰中萃取与提炼，最终选取三交菱花样式窗格作为元素，整体呈现几何构成形态，这种形态具有特有的简洁感、秩序感和趣味性，营造出别具一格、焕然一新的视觉效果，点、线、面、体的相交与构成，丰富了天窗造型的层次感，与整体建筑风格协调统一

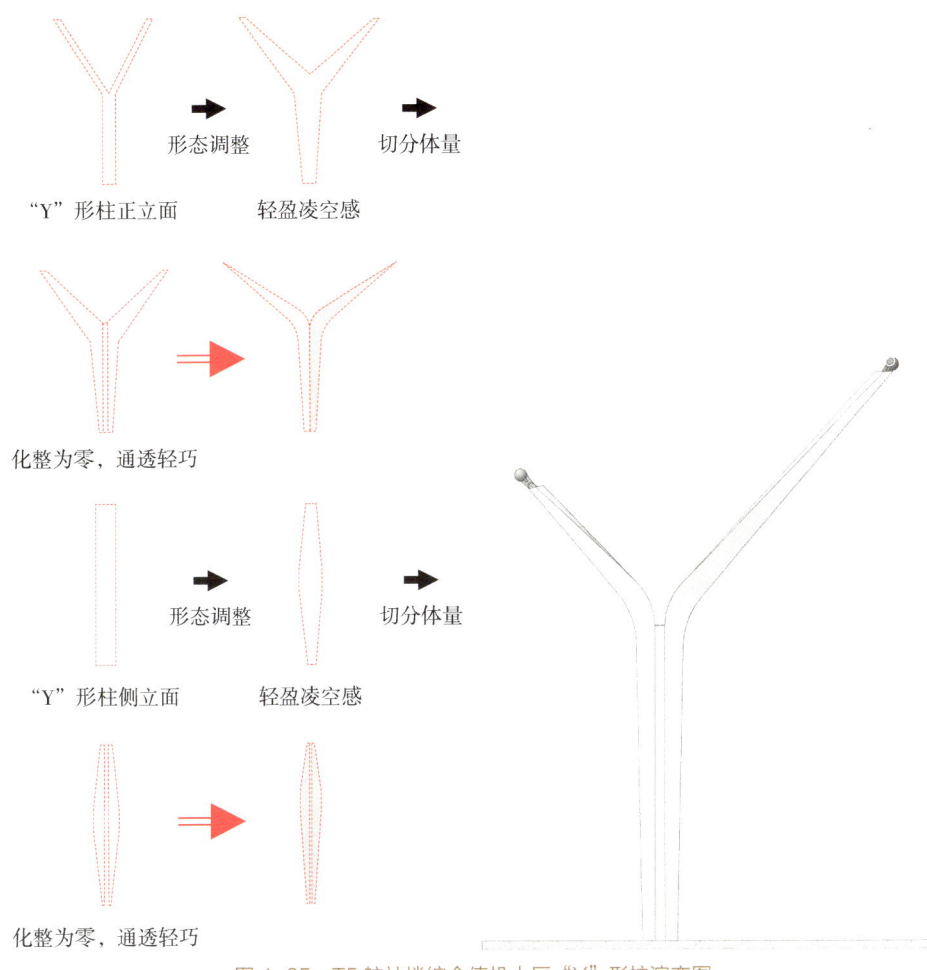

图4-25 T5航站楼综合值机大厅 "Y" 形柱演变图

（图4-26）。在还原传统文化韵味的同时，将室内装饰手段与建筑遮阳功能创造性地合二为一，使用现代钢铝材质及渐变的穿孔材料，除保证天窗阳光的洒入，还提供斑驳朦胧的视觉效果，为航站楼大厅提供了丰富的空间体验，整体体现 "借鉴传统，表现当代" 的理念（图4-27、图4-28）。

2. "盛唐气象"：特色文化商业街区

特色文化商业街区位于T5航站楼夹层（20.5m），是旅客进入航站楼的视觉核心。该区域的文化空间以 "天上宫阙，城上之城" 为主题，打造了一座高台之上的长安盛殿，加之吊顶区域的 "天幕" 和文化产品，再现了汉唐盛世的辉煌景象，最终将地域特色文化推向高潮。

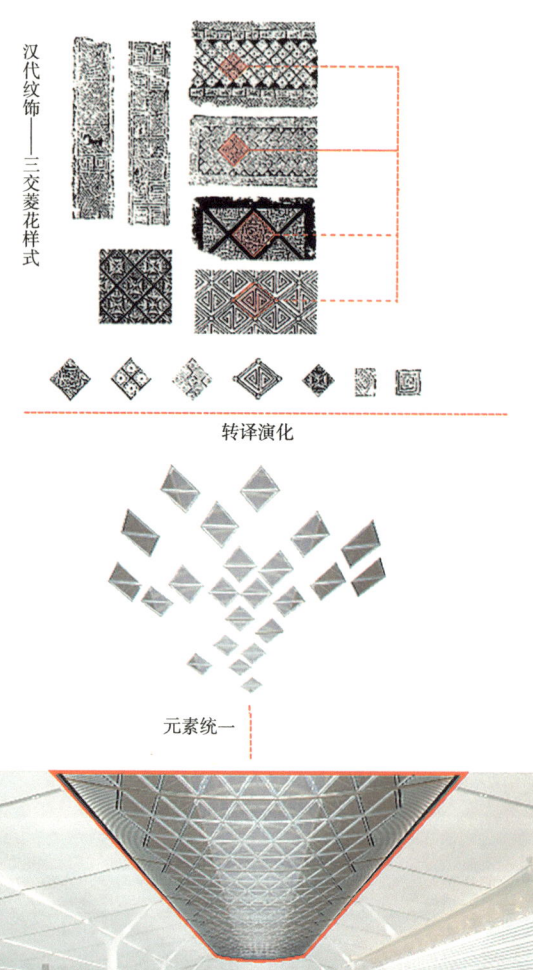

汉代纹饰——三交菱花样式

转译演化

元素统一

最终呈现

图 4-26　汉代纹饰参考图

人文机场研究与西安实践

图 4-27　T5 航站楼采光天窗效果图

图 4-28　T5 航站楼采光天窗实景图

　　整个特色文化商业街区呈中轴对称布局，与航站区规划相呼应，与西安古都文脉相契合。其中，中轴线上布置了等级较高、较为规整的博物馆建筑，采用仿古建筑的庑殿顶做法，强调主体建筑的重要性，突出中心位置；两侧从属建筑依次采用歇山攒尖、悬山等做法，进而通过两侧附属建筑的对比、衬托，形成主从关系分明的有机整体。同时，整体穿插设置了宫、殿、亭、台、堂、廊等，营造出官式宫殿和市井氛围相结合的长安印象（图4-29~图4-33）。为了给旅客带来更加真实的沉浸式体验，T5航站楼夹层（20.5m）特色文化商业街区中间区域设置天幕投影，该投影是目前国内机场最大的天幕系统，共计采用72台投影设备，宽90m、深30m，排列6行、12列，2700m^2，将唐长安城的盛大画卷在天幕区徐徐展开，与下方古建筑区交相呼应，整体呈现海市蜃楼、天上宫阙、大气磅礴的意境，展示长安盛殿的文化内涵（图4-34~图4-37）。

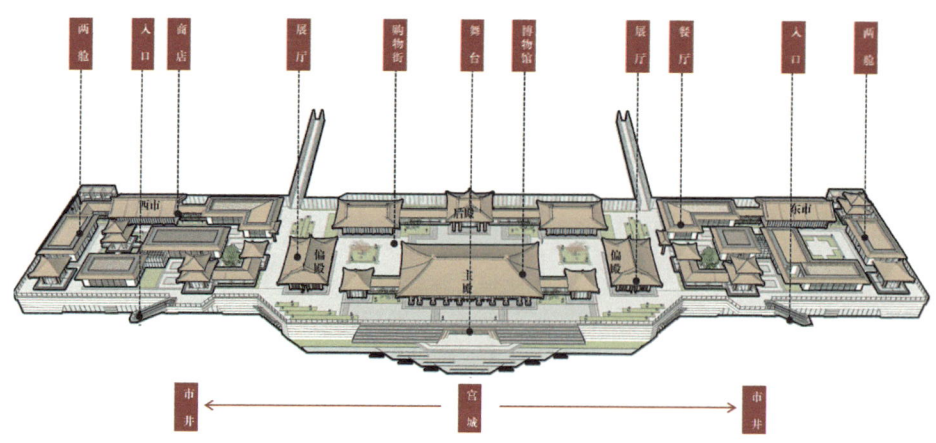

图4-29　T5航站楼夹层（20.5m）建筑布局图（一）

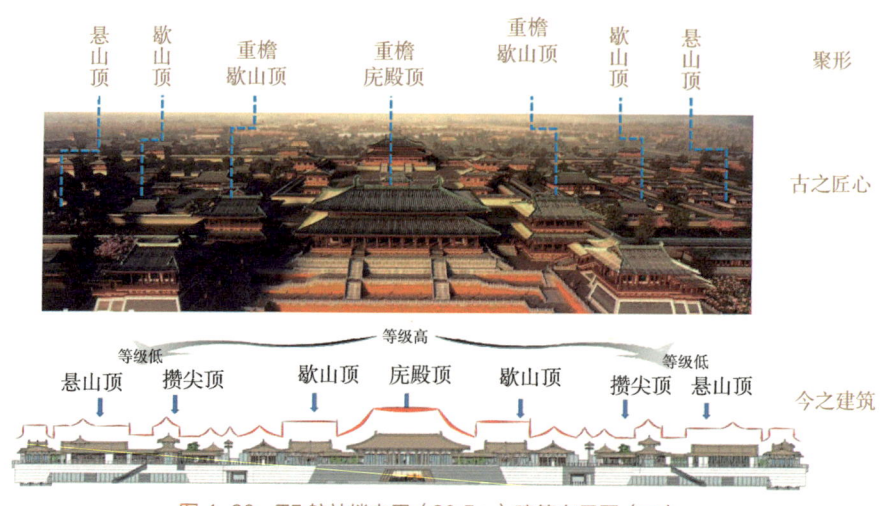

图4-30　T5航站楼夹层（20.5m）建筑布局图（二）

图 4-31　T5 航站楼夹层（20.5m）建筑实景图

图 4-32　T5 航站楼夹层（20.5m）局部效果图

　　随着旅客在航站楼内不断前行，对场景的观察视野往往是动态变化的，通过对空间视野逐次递进的设计，可以将旅客的视线逐层打开，塑造空间的序列感。T5 航站楼夹层（20.5m）特色文化商业街区通过视野递进的规划预设，使旅客在航站楼空间内部行进时，能够体验丰富多变的场景视野，逐层递进地将体验最终推向高点（图 4-38、图 4-39）。整体空间呈现四重意境，四重空间意向层层递进，每一重都是一次文化的深度探索与艺术的细腻表达。其

（a）

（b） （c）

图 4-33 T5 航站楼夹层（20.5m）局部效果图

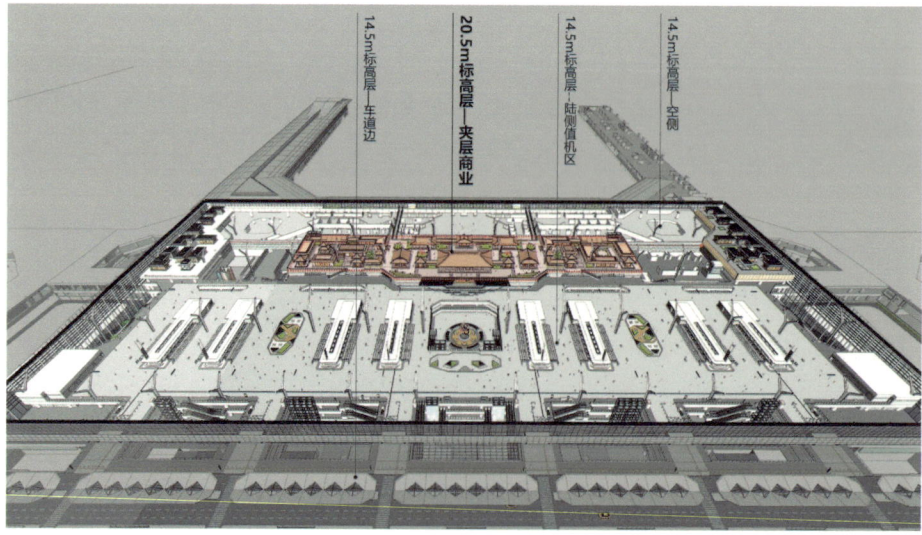

图 4-34 T5 航站楼夹层（20.5m）整体布置图

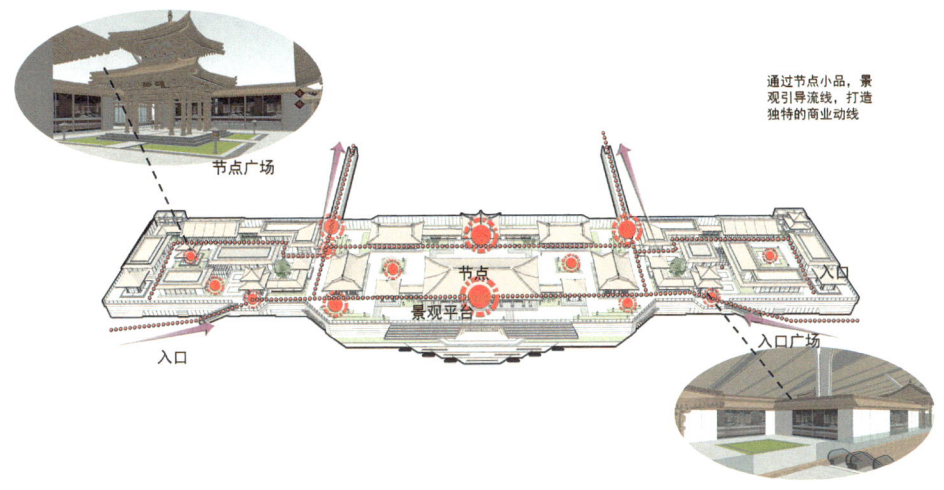

图 4-35　T5 航站楼夹层（20.5m）流线组织图

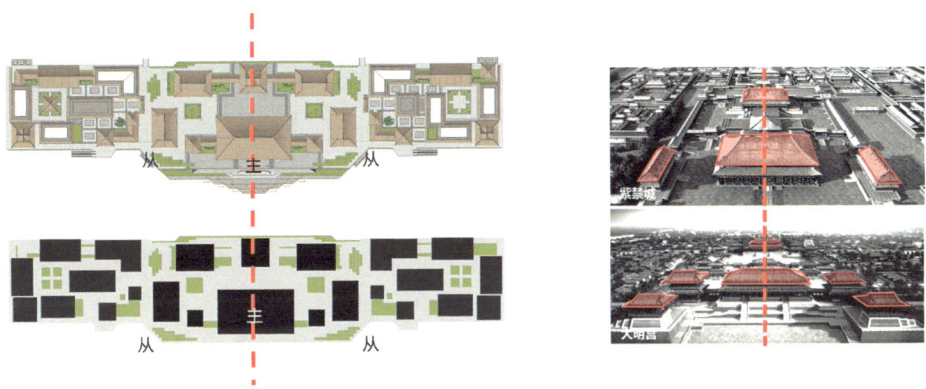

图 4-36　T5 航站楼夹层（20.5m）轴线秩序图

图 4-37　T5 航站楼夹层（20.5m）天幕效果图

图 4-38　T5 航站楼夹层（20.5m）细部设计图

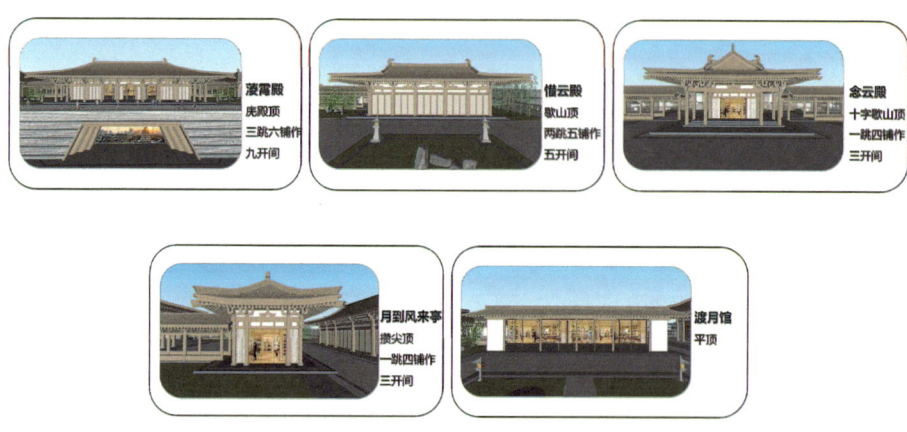

图 4-39　T5 航站楼夹层（20.5m）单体设计图

中，第一重"宫城幻境，梦回大唐"，主要从刚进入航站楼三层（14.5m）的旅客视角出发，以磅礴的气势勾勒出唐代宫殿的辉煌，主要传达整体商业空间效果；第二重"琼楼玉宇，万千气象"，主要针对近距离观赏商业空间的旅客，能够清晰观察到屋顶、梁柱等局部建筑的丰富细节，展现了唐代建筑的雄伟与精致；第三重"里坊故事，长安人家"，走进商业空间内部，沉浸式体验里坊空间，通过宜人的空间尺度、高还原度的空间装饰、丰富有趣的街巷空间，进一步拉近了旅客与唐朝市井生活的距离；第四重"长安怀古，无尽乡愁"，旅客离开商业街区，能够体会到唐长安里坊制的空间格局，多个单体形成的空间聚落更能让旅客留下深刻的印象。这四重设计意向不仅赋予了航站楼装饰以丰富的历史和文化内涵，更是为旅客提供了一次可以亲身感受和体验唐朝文化精髓的旅行，将机场转化为一个连接现代与古代，俗世与梦幻的奇妙空间（图4-40）。

图4-40　商业街区四重意境

图 4-40　商业街区四重意境（续）

4.2.3　室内景观

在公共空间设计中，除了吊顶、地面、墙面、梁、柱、门窗等室内装修设计外，绿色植被、景观小品、座椅等固定、活动的景观设施、家具对提升公共空间具有重要作用，能够使公共空间更好满足使用和观赏需求。

"长安八景"是陕西关中八处著名文物风景胜地，古有诗云"华岳仙掌望嵘涵，雁塔晨钟响城南。骊山晚照披秦地，曲江流饮绕长安。灞柳风雪三春暖，太白积雪六月寒。草堂烟雾紧相连，咸阳古渡几千年。"这些风景奇观融合了自然风光和人文历史，每一处景观都有其存在的故事和独特的文化魅力，因此在室内景观规划中，选取"长安八景"等代表性的场景元素，通过雕塑、墙面装饰、绿色植被等进行转译呈现。

1. "华岳仙掌"微缩景观

华山，位于陕西省渭南市，距西安120km，古称"西岳"，是中国五岳之一，其巍峨壮丽、奇峰突兀，素以"险、奇、峻、绝、幽"而名冠天下，人们常用"华山自古一条道"描述其险峻。"华岳仙掌"是华山奇景之一，位于华山东峰的仙掌崖，因常年风剥雨蚀，在崖上形成了一面手掌形石纹，形象生动逼真，故称"华岳仙掌"，唐代诗人李白曾有诗云"巨灵咆哮擘两山，洪波喷箭射东海。"

在T5综合交通中心的中庭区域，选取华山的雄奇险峻和山峰的陡峭高绝等特点，通过异形采光天窗、石材景观小品和小型树种、草坪等，结合旅客休息座椅区，打造"华岳仙掌"微缩景观，让旅客在休息过程中能够切身体会到华山的奇瑰壮观（图4-41）。

图4-41 "华岳仙掌"微缩景观效果图

2.“曲江流饮”微缩景观

曲江流饮，是唐代的一种文化活动，其深深植根于唐代文化的繁荣和社会开放的氛围中，源自新科进士及第后的庆祝仪式，通过在曲江之畔举行酒会，诗人们吟诗作对，酒杯随波逐流，不仅是一种饮酒作乐的风雅之举，更是文人交流思想、展示才华的重要平台。

“曲江流饮”微缩景观设置在T5综合交通中心中庭区域，通过小型喷泉或水池等室内水景，模拟曲江流水；同时在墙面、地面等地方使用流畅的线条和曲线，布置水墨画、水晶饰品等相关的艺术品或装饰品，增加室内的艺术氛围（图4-42）。

图4-42 “曲江流饮”微缩景观效果图

3.“骊山晚照”微缩景观

骊山晚照，来源于夕阳下骊山的美景。骊山，坐落于陕西省西安市临潼区城南，是秦岭山脉中一个秀丽的支脉，当太阳缓缓西沉，斜阳的金色光芒洒满山坡，与松柏的深绿色泽形成鲜明对比，营造出一幅美不胜收的自然画卷，体现出自然的宁静与壮丽。

"骊山晚照"微缩景观位于T5航站楼一层到达大厅陆侧商业区,墙面和装饰品采用山形图案或日落景象的艺术画作,在黄昏时分,夕阳通过透明的玻璃幕墙映入室内,加上开阔的空间布局和暖色调的空间氛围,再加上多媒体互动装置等新技术载体,营造活跃的商业气氛,提升商业空间的价值(图4-43)。

图 4-43　"骊山晚照"微缩景观效果图

4. "灞柳风雪"微缩景观

灞柳风雪源自灞河沿岸柳枝低垂,柳絮漫天飞舞的壮丽景致。灞河,位于西安东部,每年春季,其两岸的柳絮随风飘扬,就像春天里的一场雪,呈现出一种独特的自然美态。自古灞河也是文人墨客赞颂的对象,许多诗人在这里留下了赞美之词,使得灞柳成为离别与重逢的象征,寓意深长。

T5航站楼二层(7.5m)陆侧公共空间的主色调为白色,同时通过墙面有关灞河风光的画作或书法作品,加上柳叶状的景观小品或艺术装置,模拟雪和柳叶的颜色,从而呈现出灞河两岸柳絮漫天飞舞的景象,体现古典诗意的深邃意境和浓郁情感(图4-44)。

图 4-44 "灞柳风雪"微缩景观效果图

4.3 文化项目

文化项目是文化与体验相结合的产物，是借助于现代科技手段，对文化资源、文化用品进行创造与提升，是彰显地方文化气息和形象风貌的重要载体。

4.3.1 文化项目策划

借鉴博物馆、商业综合体等业态规划案例，本项目聚焦旅客的多元化、差异化需求，整合前沿科技资源，将文化体验与新技术载体相结合，从文化展示、情感连接、生活方式倡导等角度系统策划提出9个特色文化项目（表4-1），在高标准的流程服务基础上，使旅客能够切身感受到西安咸阳国际机场的人文魅力，同时也让旅客在疲劳奔波的旅程中体验轻松愉快的休闲时光。后续在机场运营阶段，机场管理机构也将陆续开展系列文化项目的招商运营。

序号	项目分类	项目名称	内容呈现
1	文化展示	机场博物馆	以"跨越时空,再现长安"主题,实景展示与虚拟展示结合,不定期组织各种主题展览,设置在线浏览虚拟场馆,周围设置增值性的创意手信和留念服务
2		百米画卷	以秦岭山水为主题,在 T5 航站楼夹层(20.5m)古建筑群的映衬下,通过大气伟岸的中国山水画,向旅客展示陕西的秀美山川和壮丽景观,感受陕西独特的山水人文之美
3		航空观景平台	设置航站楼观景平台,结合航空文化展示、航空器模拟飞行等,通过图片、视频、VR 等技术,展示机场的企业文化、历史沿革、前景规划、航空博览等
4		"舌尖上的长安"美食文化体验区	设置长安特色美食文化体验区,集美食制作、展示、销售等为一体,使旅客能够观看、参与制作陕西特色美食,在感受陕西美食文化的同时,也为旅客提供餐饮消费
5	时空情感的连接点	"折柳亭"社交互动平台	取意"折柳送君"之意。在 T5 航站楼柳枝形的信息显示屏,旅客可以上传旅行照片,分享旅途见闻,也可通过电子邮箱发送或打印制作成明信片/时光相册
6		"寄给未来"时光邮局	开发系列文旅产品,如酒、明信片或工艺品等,旅客可以现场参与产品制作,将寄存品邮寄给旅客或家人、朋友等
7		"思念不远行"朗读录音室	设置小型录音室,以"童乐""游子吟""青青子衿"为主题,为旅客提供不同类型的古诗词、传统家书和优美散文等,让旅客在这里录制一封声音家书传递思念
8	生活方式的倡导者	"跑道石"展示区	聚焦工程建设拆除的混凝土道面,在航站楼设置展示区,通过实物、视频、图片等形式,展示机场改扩建过程中建筑材料再利用工艺,阐述机场建设者的工匠精神和民航情怀
9		"遇见·书香"候机休息阅读区	设置共享图书馆,为旅客提供图书销售、免费借阅及电子书下载服务,同时通过灯光点缀、颜色装饰、休息设施等,为旅客创造浓厚的阅读氛围

4.3.2　机场博物馆

西安咸阳国际机场的所在地洪渎原,是北朝晚期至隋唐时期京师长安最重要、等级最高的贵族墓葬区,这里先后发掘大量的汉、北周、隋、唐高等级墓葬,取得了丰富的考古收获,例如北周武帝孝陵、唐顺陵、上官婉儿墓、薛绍墓等重要陵墓都位于此区域内。2021 年,本项目施工现场发现 3500 余座古墓,机场扩建现场秒变考古现场;2023 年,项目所在地附近又发现北周宇文觉墓,社会大众又一次将目光聚焦在机场扩建与考古发掘。据不完全统计，在西安咸阳国际机场历次改扩建中，发掘的古墓葬超过5000座，陶窑、道路等古代文化遗迹3000余处，出土文物3万余件，对中国考古学的发展亦有贡献。基于上述背景，一直以来，社会公众对西安咸阳国际机场建设机场博物馆的关注也是有增不减。

1. 项目概况

考虑到机场特有的文化资源优势，本项目以"跨越时空，再现长安"为主题，在T5航站楼夹层（20.5m）建设全球机场首家在地文物展示博物馆。博物馆总面积约为4000m²，采用仿唐式建筑风格，重点展示机场建设、考古发掘与文物保护相关的内容和故事，体现古代的文物与人文历史，展现现代的精神和文化发展；其中设置约400m²的四方馆，作为基本陈列展览（图4-45），设置约88m²的珍宝馆，作为陕西文物系统重点文化专题陈列展览。

图4-45　博物馆外部效果图

在此基础上，T5航站楼夹层（20.5m）形成一个核心、多处布点、多个层次的功能空间布置，其中博物馆是本层的一个文化核心空间，形成"客流磁石"，吸引旅客抵达；多处布点是指结合旅客流程，展示文物和销售文创产品；同时，通过不同尺度的建筑空间与部品构件，实现展馆、展厅、展柜、展墙、吊顶等多个层次的氛围展示。

2. 基本陈列展览

本项目将基本陈列展览作为机场博物馆的投运首展，以"天下·长安"为题，以时间为序，通过机场历次改扩建过程中出土的文物，讲述发生在古

图 4-46　机场博物馆内部效果图

代长安的故事及传承至今的人文精神（图 4-46）。在基本陈列展览中，除序言和结语部分外，重点策划了洪渎千载事、丝路贯西东、长安尽繁华 3 个篇章，通过文物展示、延伸故事、辅助讲解三种方式，对展览内容由表及里逐层解读，为旅客呈现出"一眼千年，只此长安"的参观体验。另外，与通史和大历史叙事不同，本项目以倒叙的逻辑结构＋小故事形式，从机场建设中洪渎原的考古发掘开始，借由洪渎原追溯到古代长安，讲述长安是古丝绸之路的起点城市，向旅客展示汉唐长安城的文化与生活，进而让国内旅客通过文物潜移默化增强文化自信，国外旅客透过展览感受中华文化的魅力。

3. 展陈形式

让历史鲜活是当下展陈的趋势。因此，为了感动旅客、传递文化，本项目以"时光宝匣"为展陈方式，通过一步、一匣、一故事，为旅客打开通往过去的时光宝匣，深入解读文物背后的故事，让旅客在穿越时空的宝匣里纵横九千里，领略千年长安的悠久历史，感受万邦来朝的盛世辉煌（图 4-47）。

"时光宝匣"的展陈概念是将展馆本身打造成展品，通过"外观"与"内观"的方式，让旅客在进入展区第一秒即沉浸在展览氛围当中。其中，本项目将展馆的建筑外立面作为一个展示历史文化的信息体，成为让旅客穿越时空界限，领略古代文明辉煌的神奇宝匣；同时，将基本陈列展览的每个篇章

図 4-47　机场博物馆展品陈列效果图

设计为若干故事匣子，每个故事则由"人""事""物"组成，旅客一步观看一个展柜，领略一个故事，结合现代影像技术，每个匣子的打开都能带领旅客感受一段长安历史的盛世文化（图 4-48）。

図 4-48　多媒体的文物背景展示方式

　　　　　　　　　　　　　　　　　人文机场研究与西安实践

4.3.3　百米画卷——《终南景色秀，五岳共朝晖》

《终南景色秀，五岳共朝晖》百米画卷位于 T5 航站楼三层（14.5m）国际联检区东侧墙面，该幅画以秦岭为祖脉，放眼"三山五岳"，由陕西雷珍民书画艺术研究院的多位艺术家共同完成（图 4-49）。旅客进入航站楼，映入眼帘的便是这幅鸿篇巨制，巨幅画卷沿 T5 航站楼三层（14.5m）值机大厅空间南北长轴展开，并面向主入口环抱整个值机厅，形成与值机大厅相互映衬的背景空间；向远望去，巨幅画卷与仿古建筑群落错落布置，形成航站楼值机大厅多层次的视觉背景，展现出博大的自然情怀与人文精神，营造出"一入航站楼、即入长安城"的场景氛围。与此同时，巨幅画卷结合航站楼的阳光大道，形成带状交通空间，旅客在办理值机手续后，从拥挤的值机岛空间进入百米长卷交通空间，带状线性空间带给旅客清晰的空间方向感，延绵起伏的山脉顺着视线延伸至远方，旅客焦虑紧张的情绪得以缓解。

图 4-49　T5 航站楼百米画卷效果图

首先，以中国山水画作为呈现方式。 中国山水画，是中国画（简称"国画"）中一种重要的艺术表现形式，是我国的传统绘画形式；山水画是描写山川自然景色为主体的绘画，将人与自然融为一体，相比于西方的油画及水彩画，其更能反映古人对人与自然关系的思考，例如唐代李思训的《江帆楼阁图》、王维的《辋川图》、北宋王希孟的《千里江山图》、元代黄公望的《富春山居图》等都具有代表性。山水画集中体现了国画的意境、格调、气韵和色调，是民族的底蕴、山水的图像和人的性情，没有哪一个画科能像山水画一样给国人以更多情感。其实，山水画一直以来多是公共建筑的创作内容，特别对于大型公共建筑，由于其体量大、空间开敞，决定了它的画面气息只能是深沉厚重的山水画，而不能是人物画、花鸟画，例如北京人民大会堂的《江山如此多娇》、西安北客站的《华岳雄姿》。

除此之外，在数千年来的艺术长河里，二维平面艺术的中国画与三维空间艺术的传统建筑之间存在着千丝万缕的联系。本项目通过 T5 航站楼夹层（20.5m）的中国古建筑群，与中国山水画两者相得益彰，"实"与"虚"相互渗透，相互借鉴，相伴相生，情境交融，让旅客徜徉其间，由境生情，以情造境，最终为旅客创造一个如诗如画的文化盛境。

其次，以终南景色为呈现内容， 这里"终南景色"的概念是广义的，是秦岭的代称。秦岭和合南北、泽被天下，是我国的中央水塔，是中华民族的祖脉和中华文化的重要象征，有着"国家中央公园"的美誉，在秦岭的庇护下，西安千百年来风调雨顺、文明昌盛。作为我国的重要山脉，秦岭对我国的意义深远，涵盖了地理、气候、文化、生态等多个方面的意义，秦岭对我国的意义，首先是地理分界，秦岭是长江和黄河流域的分水岭，也是我国南北方的地理分界线；其次是气候调节，秦岭阻挡了冬季寒潮和夏季的湿润气流，对南北方气候起到重要调节作用；同时是水源涵养，秦岭丰富的水资源，对长江、黄河等河流补给起到关键作用；最后是文化象征，秦岭孕育了丰富的历史文化，包括周、秦、汉、唐等王朝的政治、经济、文化。基于秦岭的特殊地位，在本项目中，艺术家们以秦岭终南山为中心，辅之以天下"五岳"，从南岳衡山一路北上，历恒山回华山，然后以华山为大本营，将西安国家版本馆、T5 航站楼、中欧班列等置于群山环绕中，体现了陕西近年经济社会大发展和追赶超越的新成就，也体现出天人合一、和谐共生的发展理念，随后继续东进，经嵩山，到泰山，究"五岳"山水之变化，寻"五岳"山水之共性，在保留"五岳"各自鲜明地貌特征的前提下，该幅画以秦岭终南山的沉郁苍茫为骨架，展现了华山"松柏青翠、峰峦叠嶂、洪波喷箭"的基调，也让旅客置身其中感受到祖国这一日千里的大好河山和万千风情。

4.3.4 "跑道石"展示区

"跑道石"铺装区位于 T5 航站楼综合值机大厅后侧的"阳光大道"，总面积 3000m²，是将本项目建设过程中拆除的飞行区水泥混凝土道面，通过再加工形成室内地面铺装材料（图 4-50）。本项目将拆除的飞行区水泥、沥青混凝土道面等废旧资源再回收利用，赋予了其第二次生命，这些历经风雨、物理性能卓越的废旧混凝土，凭借其非凡的材质特性，成为再利用的宝贵财富。废旧跑道道面在 T5 航站楼的璀璨"新生"不仅彰显着现代科技的魅力，也体现了对绿色可持续发展理念的深刻理解与践行，更彰显了机场建设者在本项目建设过程中展现出来的民航情怀和工匠精神。

图 4-50 "跑道石"展示区

跑道是机场的核心设施，飞机的起飞和降落，都仰仗于跑道，因此跑道是每一次航班起点和终点的"承载者"。本项目采用跑道石作为地面铺装，表达了特有的民航特征和民航文化，也体现了丰富的跑道精神。首先是"优质奉献"的跑道精神，跑道是与飞机起降直接关联的重要设施，跑道的道面质量关系到机场的核心安全，是机场的"生命线"。因此建设过程中，本项目十分重视跑道质量，从细节入手，通过对石灰、水泥、砂石、外加剂等原材料的复试、配合比优化及试验检测，从支模、布料、震动、揉浆、抹面、拉毛等各个环节实行严格管控，有效确保了跑道道面的质量。T5航站楼地面铺装所使用的破拆后的道面混凝土材料，其压缩强度、抗渗性、摩擦系数等各项物理性能指标依然卓越，充分体现了安全耐久的跑道质量，也体现出项目建设中严谨科学的专业精神。其次是"创新向前"的跑道精神，科技创新是当代社会的重要驱动力，深刻地改变着人们的生活方式和思维方式，面对日新月异的科技发展，本项目不断探索新技术、新方法、新理念，以创新驱动行业发展，将废弃跑道混凝土材料就地分级、分类再生，形成混凝土装饰板、仿生路缘石等，这种方式不仅可以减少建筑垃圾对土地资源的占用，降低对原生矿产资源的开发，还可以实现节能减排，充分体现了绿色发展的理念；同时，跑道石的再利用涉及分类、加工、应用等多个环节，需要先进的技术支持和创新性的解决方案，这一过程积累了丰富的经验和技术成果，可以推动形成一系列标准、规范等技术体系，推动国内混凝土再生料在民航基础设施建设中的利用添上浓墨重彩的一笔，这种创新精神，不仅推动了民航业的快速发展，也展现了民航人勇于探索、敢于突破的探索精神。

4.3.5 航空观景平台

航空观景平台是指机场及其周边区域专供旅客、航空爱好者及其他社会公众航空观景的建筑物、构筑物及设施，主要满足观赏飞机起降和运行，体验航空文化的需要。作为机场特有的体验形式，航空观景平台一直深受旅客关注和喜爱，特别是在一些航空发达国家，航空观景平台往往是极具特色的旅游目的地和航空文化载体。

因此为更好满足人民群众对美好航空出行的新需要，向旅客普及航空知识，弘扬航空文化，本项目在 T5 航站楼夹层（20.5m）靠近站坪港湾区一侧设置了航空观景平台，旅客及航空爱好者透过玻璃幕墙，可以看到航空器在机坪的滑行及在跑道的起飞、降落；除此之外，本项目还设置了航空文化体验馆，通过图片、视频等相关载体，在馆内展示机场企业文化、历史沿革、远景规划等主题，同时为旅客提供飞机模拟驾驶、航空文化创意产品、飞机模型等延伸文创产品，满足旅客对航空的好奇心。

4.4 小结

本章以多样态的航站区文化表达为着力点，全面阐述了西安咸阳国际机场东航站区如何将丰富的地域文化元素融入现代化机场建设，进而打造具有深刻文化内涵的航空枢纽。

上篇聚焦文化彰显，通过统一的主题理念、独特的规划与建筑设计、多样态的文化表达三方面，展示了西安咸阳国际机场东航站区从理念建构到实践探索的全过程落地实施。然而，文化彰显只是人文机场建设的一部分，正如前文所述，人文机场建设归根到底是要回归到重视人、尊重人、关心人、爱护人的本质上来，因此人文关怀才是人文机场建设的核心。接下来，本书将着重阐述西安咸阳国际机场三期扩建工程在人文关怀方面的具体举措。

温馨智慧的服务设施

基础服务设施
公共信息系统设施
旅客流程设施
交通服务设施
员工关怀设施

丰富多元的服务产品

前置开发项目定位
精准预测项目体量
科学规划项目业态
合理布局商业空间

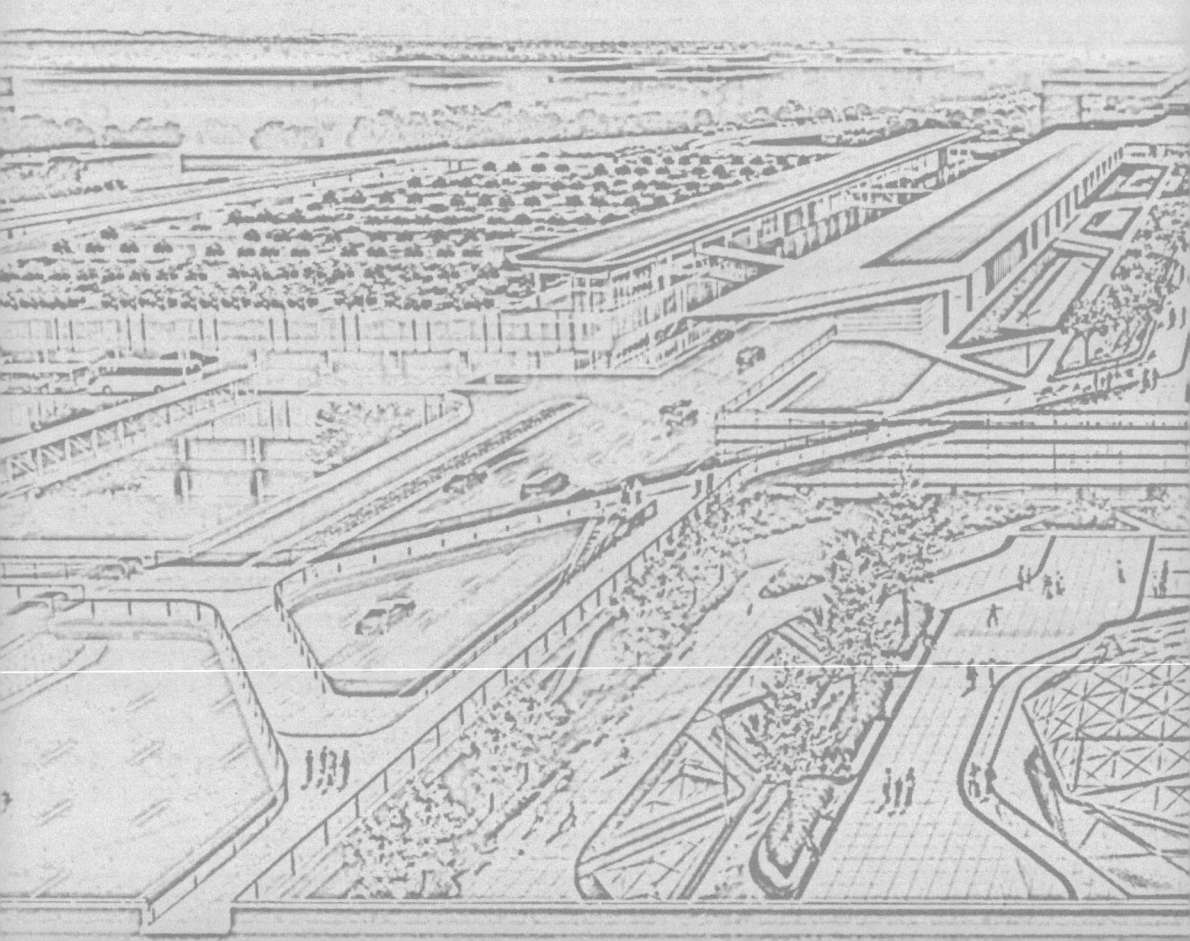

下 篇

人文关怀篇

便捷高效的功能规划

旅客流程流线

陆侧交通系统

舒适健康的空间环境

宜人的建筑空间体验

建筑环境体验

自几千年前中国的传统思想从"有命在天"向"以德配天"发生转变，"天命靡常，唯德是辅"便逐渐成为社会观念的主流，人们开始重视人的价值与尊严，实际上实现了从神本主义向人本主义的过渡。春秋战国时期的人本主义观念得到进一步发展，形成了儒、道、法、墨相互支撑的中国古代人本主义架构。直至近代，随着西方文化的传入和现代化进程的加速推进，中国传统文化中的人本主义思想开始面临新的挑战和机遇。然而，无论是在革命时期还是在建设时期，中国人民都始终坚持以人为本的理念，将人民的利益放在首位。在中国共产党的领导下，中国实现了从站起来、富起来到强起来的伟大飞跃，民航人也见证了中国民航业从无到有再到强的跨越式发展。在这一中华传统文化复兴的关键期，西安咸阳国际机场 T5 航站楼不仅是一次在工程技术上的探索与创新，更代表了中国传统文化与人本主义精神的深刻回归，它以建筑为载体，展现了对人的深切关怀、对和谐共生理念的现代诠释，它在向人们传达一个道理，在建筑的宏大叙事当中，"建筑"本身已不再是主角，"人"才是。

第 5 章　便捷高效的功能规划

便捷高效的功能规划是人文机场建设的核心，功能的便捷与高效在于机场各类流程流线规划布局的科学性，尽可能压缩各类功能设施间的距离，降低流程流线的复杂程度。本项目是区域集疏运体系中重要的交通基础设施，其规模庞大、设施集中，各部分功能空间呈现系统化、一体化的组织模式。因此，本项目坚持以人为本，聚焦便捷高效的旅客流线及车行流线，不断完善旅客流程，优化陆侧交通系统。

5.1　旅客流程流线

航站楼的主要任务是高效实现旅客在空侧、陆侧之间转换，因旅客属性多，故而形成一系列复杂的流程。因此，航站楼成为功能复杂的交通建筑，旅客流程也成为其最基本的功能组成部分。T5 航站楼旅客流程设计秉承以旅客感受为导向的设计原则，将优化旅客流程贯穿整个航站楼设计，不断优化建筑构型，全方位简化旅客流线，提供科学、高效的旅客服务设施，力争将 T5 航站楼打造成同规模机场中流程简洁、中转便利、运行高效的最佳范例之一。

5.1.1 航站楼构型

建筑构型是指在满足建筑功能的基础上，运用建筑构图的规律进行有逻辑地组织，尤其对于功能复杂、规模庞大的单体建筑，建筑构型是设计前期最重要的因素。对于航站楼而言，科学、合理的建筑构型不仅决定了建筑形式，也影响航站楼空、陆侧的运行效率和旅客体验。

在 T5 航站楼方案研究阶段，本项目先后提出四指廊、五指廊、六指廊三种构型方案（图 5-1）。综合近机位数量、旅客步行距离、空侧高效运行等

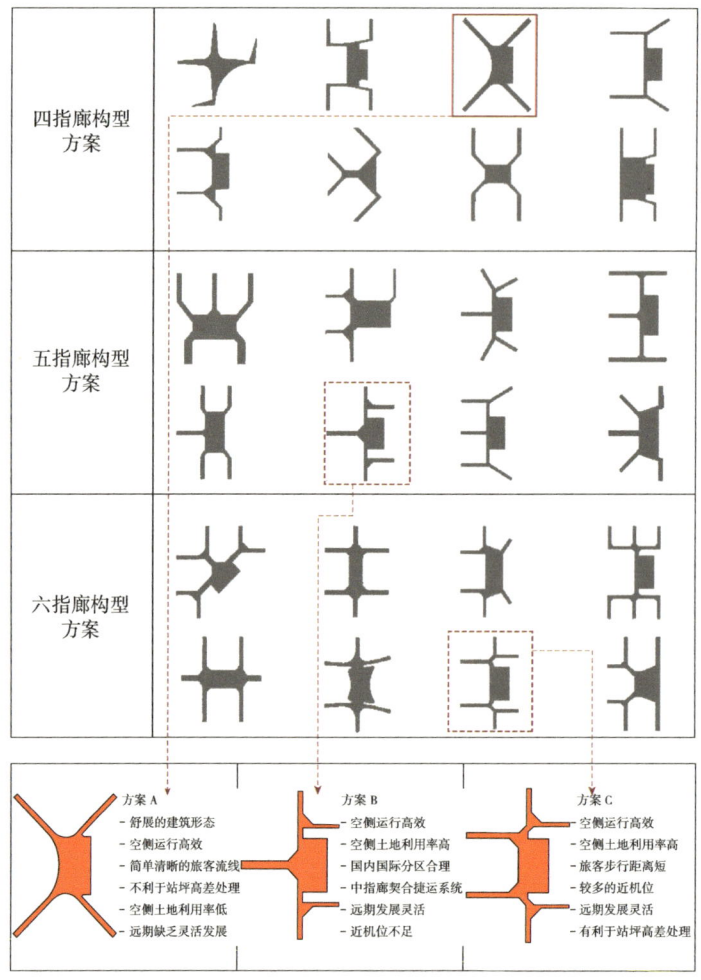

图 5-1 T5 航站楼构型研究

要素，通过深度比选分析，四指廊构型的建筑形态舒展，空侧运行高效，旅客流线简单清晰，但不利于站坪高差处理，空侧土地利用率低，远期缺乏灵活发展等；五指廊构型的建筑形态空侧运行高效，空侧土地利用率高，国内国际分区合理，且中指廊契合捷运系统，远期发展灵活，但其近机位不足；六指廊构型的建筑形态空侧运行高效，空侧土地利用率高，旅客步行距离短，近机位多，远期发展灵活，且有利于站坪高差处理（表5-1）。

T5 航站楼构型对比			表5-1
构型方案	方案 A 打分	方案 B 打分	方案 C 打分
近机位数量	2	2	3
旅客步行距离	3	3	3
旅客路径识别	3	3	2
国内国际分区合理性	2	2	3
可转换机位布局的合理性	3	3	3
站坪高差处理	2	2	3
空侧高效运行	3	3	3
空侧土地利用率	2	3	3
机库的影响	2	3	3
远期发展与扩建的灵活性	2	3	3
商业开发的潜力	2	3	3
合计	26	30	32

通过上述对比，本项目选择六指廊的航站楼构型，并在此基础上，结合西安的地域文化特色，通过调整指廊间距和空、陆侧设施容量，不断深化航站楼构型，力求使航站楼造型在满足功能需求的前提下，实现雄壮宏伟的建筑形体（图5-2）。该构型具有如下特点：

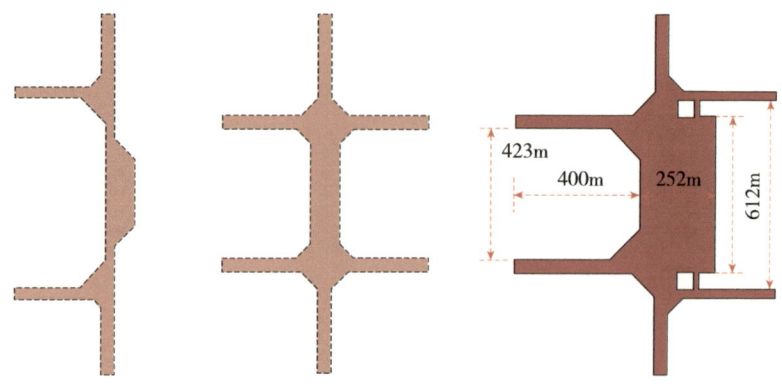

图 5-2　T5 航站楼六指廊构型

1. 提升空侧运行效率

空侧运行效率是航站楼构型设计中首要考虑的因素。一般来讲，多指廊航站楼构型必然会在指廊间形成港湾式的停机坪，所谓港湾式的停机坪是指航站楼主体和伸出的指廊形成的停机坪。这种港湾式停机坪会对相邻机位的飞机运行产生限制和影响，从而影响空侧运行效率。因此，在 T5 航站楼构型设计中，为确保指廊根部与指廊端部的机位数量均衡，提升站坪港湾区的空间利用率，在横平竖直的六指廊构型的基础上，通过倒角的手法将指廊根部的 90° 夹角转化为 120° 夹角，避免出现指廊根部机位稀少、端部机位密集的情况；同时还通过控制指廊长度，在减少旅客步行距离的同时，减少同一港湾内的停机位数量，提升港湾内部的停机坪运行效率（图 5-3）。

图 5-3　T5 航站楼不同构型比选

2. 增加近机位数量

近机位指紧邻航站楼，通过登机桥直接连接飞机客舱门的机位，高比例的近机位能够为旅客提供更优质的服务，更好满足枢纽机场流程快速、便捷的需要。考虑到最大限度发挥航站楼的优势，提高旅客服务水平，T5 航站楼适当增加了航站楼的机位岸线长度，以保证能够提供充足的近机位资源。近期，T5 航站楼的机位岸线长度超过 4100m，近机位数为 68 个。在此基础上，T5 航站楼还提供 6 个组合机位，包括 2 个 1F/2C 组合机位和 4 个 1E/2C 组合机位，所谓组合机位是指同样的停机坪位置不同时期可以供不同类型的飞机停放，因此通过组合机位的切换，T5 航站楼可以根据运行需要调整近机位类型，适应未来不同发展阶段、不同航季甚至同一天内不同时段的机型变化需求，提高近机位资源的灵活性及利用率（图 5-4）。

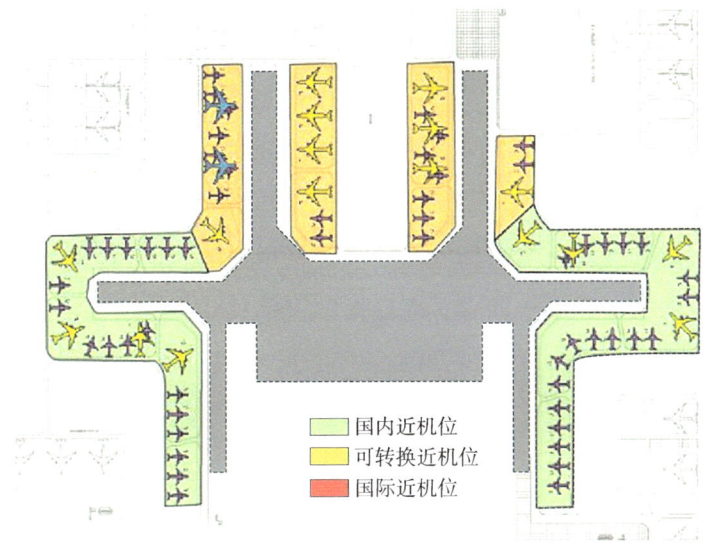

图 5-4　T5 航站楼近机位示意图

3. 减少旅客步行距离

从航站楼构型看，指廊长度影响了旅客的步行距离，指廊越短，旅客的步行距离也越短；而如前文所述，指廊的长度也影响着近机位的数量，即指廊越长，近机位的数量也越多。因此，面对近机位数量需求多和旅客步行距离尽可能短的矛盾，多指廊的航站楼构型能够在保证必要的岸线长度前提下，尽量缩短航站楼指廊长度，减少旅客步行距离。T5 航站楼采用六指廊构型，一方面提供了充足的近机位，同时能够有效控制指廊长度。最短指廊长 346m，最长指廊长约 400m，指廊平均长 380m（图 5-5）。

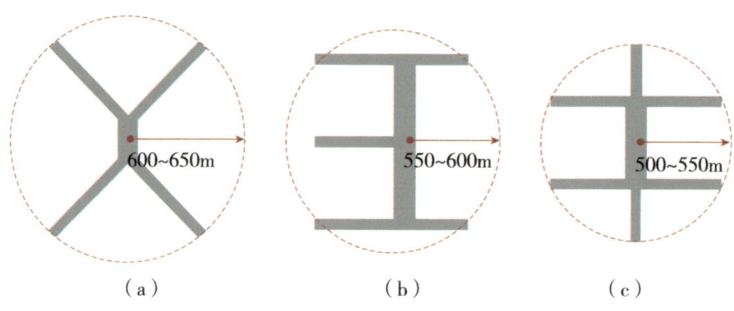

（a）　　　　　　　　　　（b）　　　　　　　　　　（c）

图 5-5　T5 航站楼三种构型的步行距离

（a）四指廊构型；（b）五指廊构型；（c）六指廊构型

4. 提升设施建设使用灵活性

根据业务量预测，T5 航站楼需要满足近期（2030 年）5000 万人次年旅客吞吐量（其中国际年旅客吞吐量 620 万人次）、远期（2045 年）7000 万人次年旅客吞吐量（其中国际年旅客吞吐量 1030 万人次）的发展需求。因此，T5 航站楼构型要保证远期扩建和设施使用的灵活性，充分考虑未来各类功能设施转换和发展预留空间，例如采用对称式的六指廊构型，未来根据国际业务发展，南一指廊、南二指廊可单独或整体由国内指廊转换为国际指廊；南一指廊、北一指廊也有条件进一步往南、北两侧延伸，将部分远机位转变为近机位，从而满足未来西安咸阳国际机场业务量发展对机位资源的需求（图 5-6）。

5.1.2　旅客流程

便捷性是评价旅客流程的重要指标。根据便捷度测度理论，流程的便捷度受流程时间、步行距离、楼层转换次数三个要素影响，其中流程时间包括旅客的行走时间、等待及排队时间等；步行距离是衡量空间可达性最直观的指标，主要关乎旅客在流程中的行走距离；楼层转换次数是体现空间可达性的重要指标，楼层转换的次数越多，表明流程越复杂、空间可识别性越差、旅客焦虑情绪越高。本项目的旅客流程包括旅客出发到达流程、旅客中转流程两部分，其流程设计以提升旅客感受、简化流程流线为导向，遵循规范性、通用性、便利

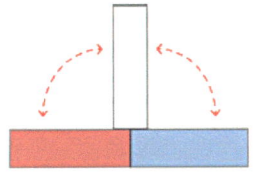

设施功能灵活转换

预留扩建空间

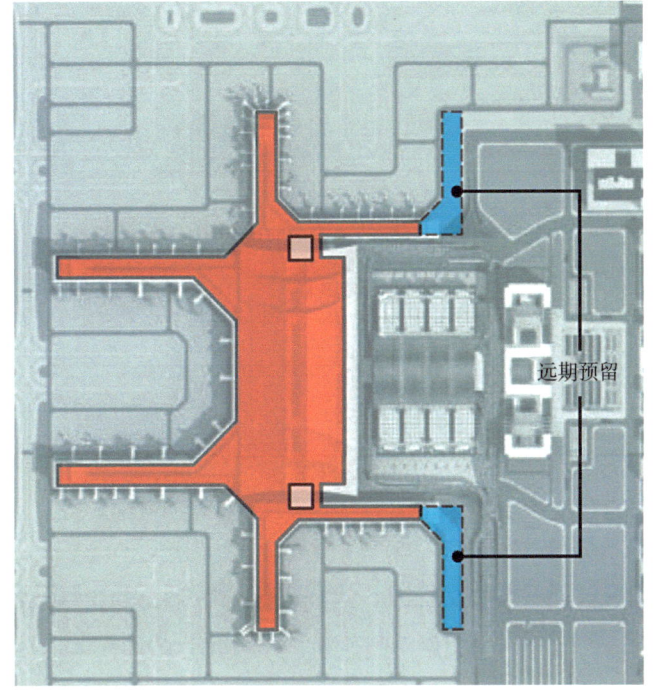

远期预留

图 5-6 T5 航站楼六指廊构型远期扩建示意图

性和灵活性等原则，确保流程线路清晰便捷、流程导向顺畅合理。

1. 旅客出发到达流程

旅客出发流程，即旅客的登机流程，是旅客进入航站楼完成值机办票、行李托运、安全检查等一系列手续，进入候机厅等候登机的过程；旅客到达流程，即旅客下飞机离开机场的流程，是旅客下机后进入航站楼，提取行李，选择交通方式离开机场的过程。在 T5 航站楼旅客流程设计中，出发及到达流程的旅客流量非常大，成为功能流程中最重要的一部分，其主要包括国际出发到达流程、国内出发到达流程两部分（表 5-2）。

旅客量		近期	远期
年流量（万人次）	国内	4380	5970
	国际	620	1030
	综合	5000	7000
国内高峰旅客量（人次）	到达	6790	8690
	出发	7310	9290
	综合	11130	14630
国际高峰旅客量（人次）	到达	2360	3480
	出发	2430	3580
	综合	3530	5200
中转高峰旅客量（人次）	国内转国内	720	1078
	国内转国际	166	392
	国际转国内	166	392
	国际转国际	55	196

　　国际出发流程：T5 航站楼国际出发流程采用设施居中布置、海关安检合一等方式，将出境检查流程化繁为简，缩短了国际出发旅客的步行距离。其中，设施居中布置是指将国际值机岛、国际联检区等国际流程设施集中设置在 T5 航站楼中间位置，最大化兼顾了不同类型旅客办理值机手续、进入国际联检区的步行距离，确保所有旅客从航站楼三层（14.5m）国际出发大厅入口到国际值机岛的距离不超过 110m。海关安检合一是指将海关查验区和安全检查区合并布置，海关、安检的工作人员在联合判图室对旅客的行李物品进行检查，这样国际出发旅客只需提交一次行李，接受"一次检查"，即可办理完通关、安检手续，人均通关时间节省 50%。同时，在行李检查区配备了新型高速 CT 检查设备，这种设备的传送速度达 0.5m/s，进一步压缩了旅客等待时间。在整个出发流程中，国际旅客可以始终保持单向快速行走，不走回头路，整体流程时间基本控制在 30~35min，且大部分出发旅客无须楼层转换（图 5-7）。

　　国际到达流程：T5 航站楼采用一次换层、无感通关、先期机检的方式，简化国际到达流程，缩短旅客流程时间。近机位到达旅客从 T5 航站楼国际到达夹层（4.2m 和 2.2m）下至一层（0.5m），仅需借助自动扶梯进行一次楼层

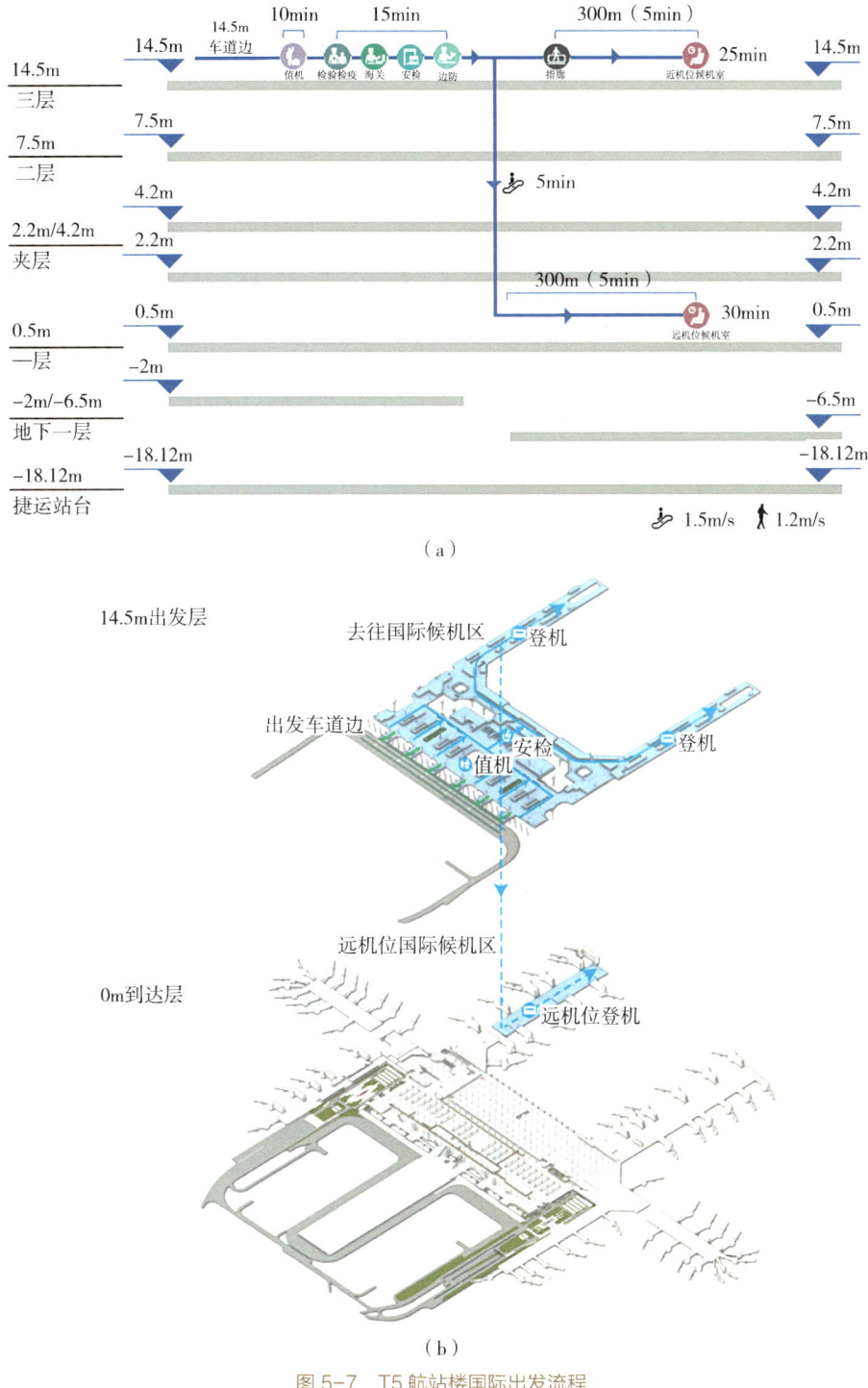

图 5-7　T5 航站楼国际出发流程

（a）时间与距离；（b）空间分布

转换即可完成所有流程，整个流程时间控制在 30min 以内，其中步行时间仅 10min。因检验检疫、边防、海关等查验流程是国际到达流程的关键，T5 航站楼将国际联检查验流程集中布置在航站楼一层（0.5m）国际到达联检大厅，并在海关查验区设置"智慧旅检"通道，采用人脸识别、视频监控、大数据分析等技术，达到反应零延时、指挥零距离、旅客零等待的效果，旅客在整个入境流程中能够实现"无感通关"。另外，采用"先期机检"模式，将行李 CT 检查设备嵌入到国际到港行李分拣线上，从而使国际到港的托运行李在分拣中同步接受海关监管，避免旅客交运行李的二次检查，减少旅客等待的时间，提升通关效率（图 5-8）。

国内出发流程：国内出发流程将旅客细分为有托运行李旅客和无托运行李旅客，并对不同类型旅客的差异化诉求进行分类设计，实现无托运行李旅客快进快检的快速出行理念。针对无托运行李旅客，T5 航站楼采用双层出发车道边，旅客可直接经航站楼二层（7.5m）车道边进入航站楼，无须通过航站楼三层（14.5m）值机出发大厅转换，减少了旅客楼层转换的距离和次数；同时，航站楼二层（7.5m）定位为快速出发层，设置了自助值机（网络值机）、自助行李托运等设备，旅客最快 12min 可到达登机口，真正实现全程平层快速转换，实现了快速出发、快速值机的流程理念。除此之外，采用直线形流程设计，直线形的流程设计是指在流程设计上，旅客流线方向始终保持与目标方向一致，避免走回头路，影响旅客的方向判断和登机效率，T5 航站楼将旅客值机、安检等流程设施沿中轴线集中布置，旅客进入航站楼后只有一个方向，不须选择即快速到达安检区域（图 5-9）。

国内到达流程：在国内到达流程中，针对无托运行李的旅客，T5 航站楼二层（7.5m）安检通道两侧设置了专属的快速到达出口，旅客可通过到达闸机快速进入航站楼二层（7.5m）陆侧区域，整个流程仅需 10min，实现无托运行李旅客的快速到达；针对有托运行李旅客，T5 航站楼设置了多元化的到达流程空间。具体而言，不同于以往紧张且单调的到达流程，T5 航站楼通过国内混流空间与行李提取厅的商业、文化、景观等设置，让旅客在前往行李提取厅或等待行李的过程中得到充分休息，缓解长途旅行的疲劳（图 5-10）。

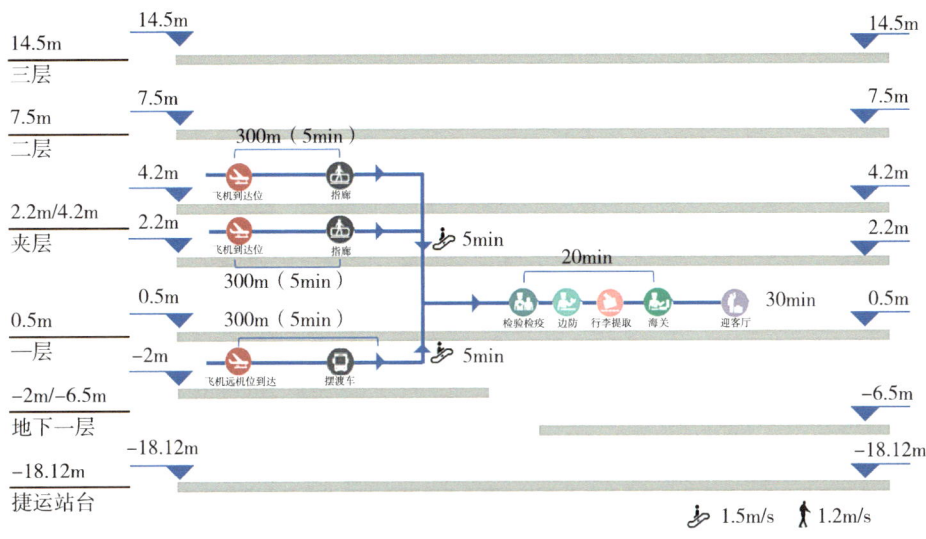

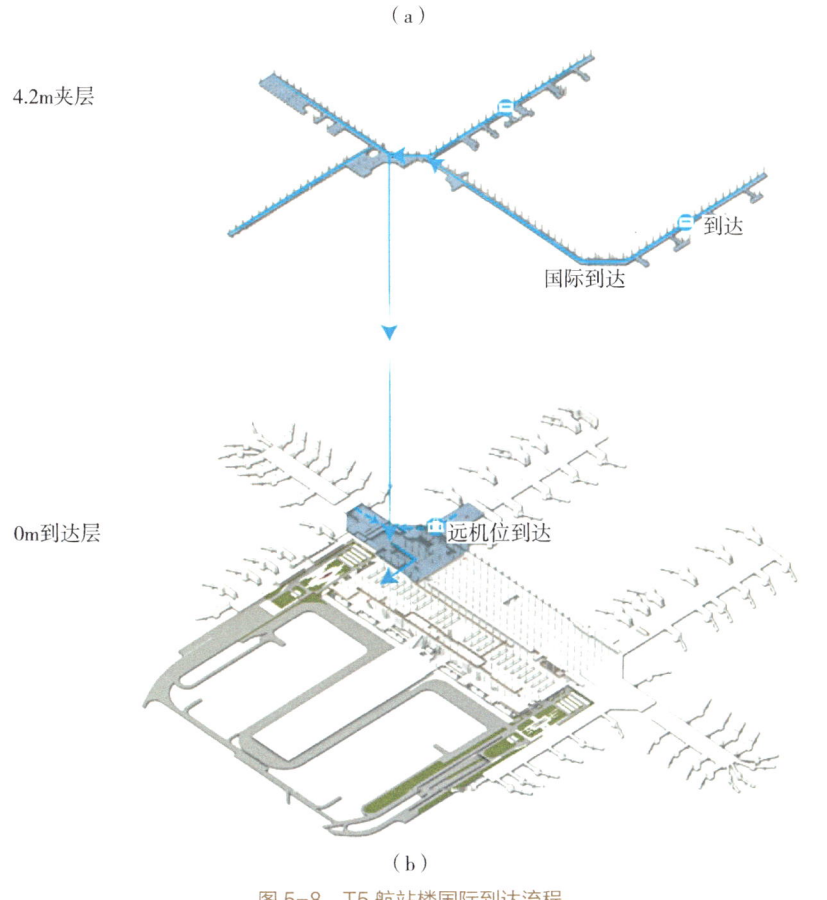

（b）

图 5-8　T5 航站楼国际到达流程

（a）时间与距离；（b）空间分布

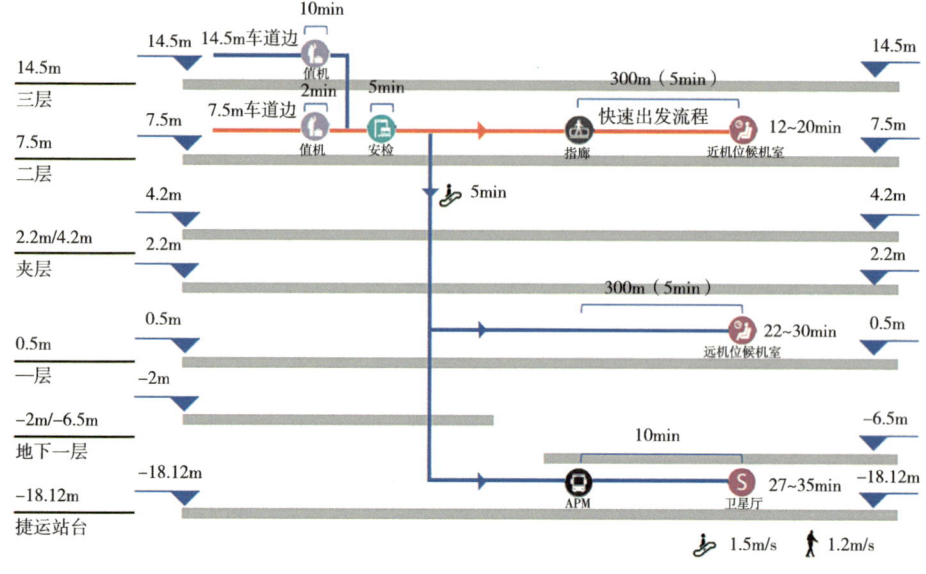

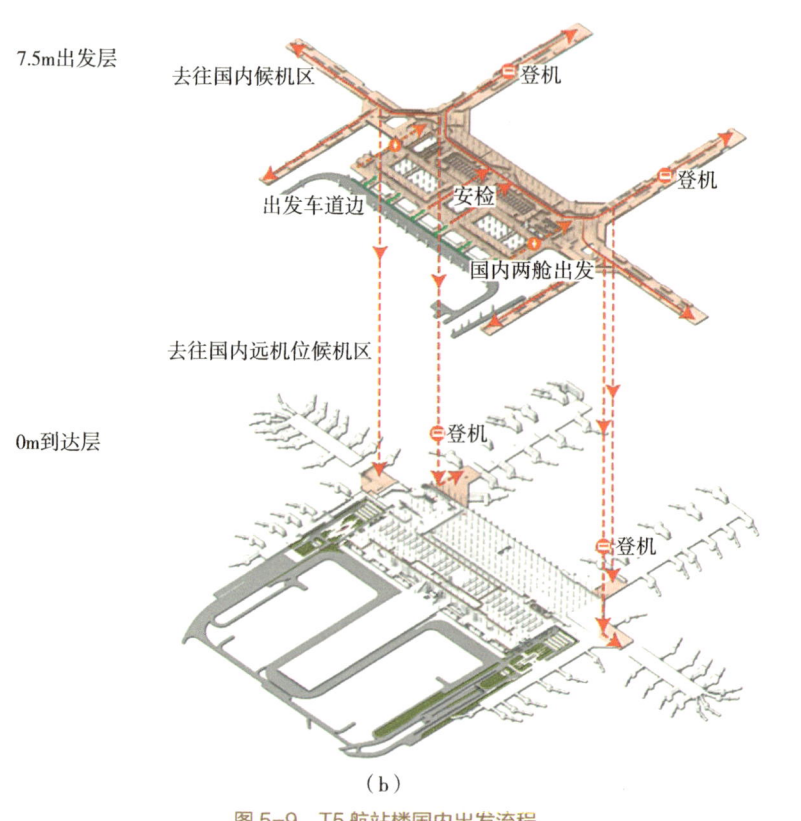

图 5-9　T5 航站楼国内出发流程

（a）时间与距离；（b）空间分布

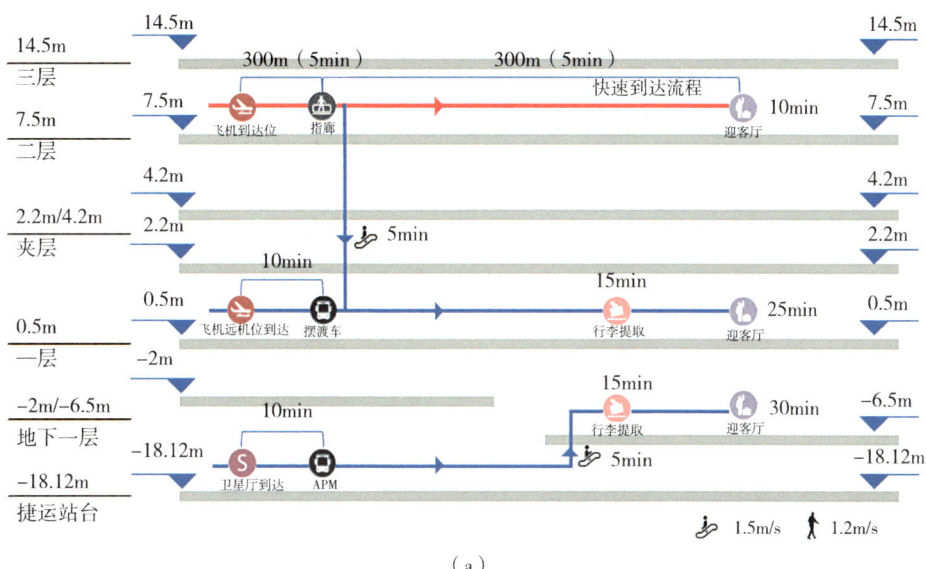

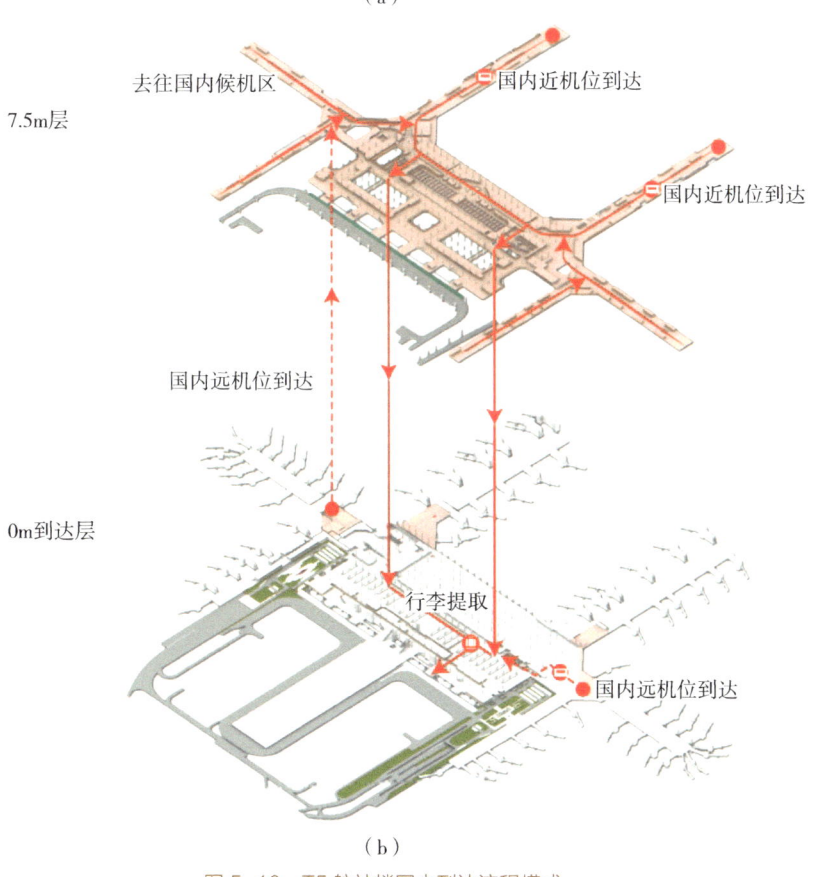

图 5-10　T5 航站楼国内到达流程模式

（a）时间与距离；（b）空间分布

2. 旅客中转流程

枢纽机场最关键的要素是具有强大的中转功能。因此，为保证大量旅客的高效中转，除传统的旅客出发到达流程外，中转流程也是枢纽机场流程设计的重点。中转流程包括国内转国内流程、国内转国际流程、国际转国内流程、国际转国际流程四种类型，同时也包括国际航班国内段等。而中转流程设计的核心指标是旅客在转机过程中所需的最短衔接时间，简称为 MCT 时间。

为提升机场中转竞争力，本项目不断优化各类中转流程，全面压缩 MCT 时间，实现所有中转流程最多办理一次手续，最多转换一次楼层，确保国内转国内、国内转国际的同楼 MCT 时间压缩为 35~45min，极大提升旅客体验。从简化旅客中转流程，压缩旅客 MCT 时间角度，本项目在规划设计阶段重点从以下方面进行考虑。

（1）国内到达出发混流模式

通常来讲，在旅客流程设计中，航站楼的出发流程和到达流程是分开设置的，因此旅客为完成整个中转流程，需要从到达区提取行李，然后步行至出发区，办理值机、托运和安检手续，整个流程行走距离及时间较长、程序繁琐。为缩短国内转国内旅客的同楼中转 MCT 时间，T5 航站楼采用国内到达出发混流模式，即国内出发流程和到达流程在 T5 航站楼空侧混合布置，同时在国内到达出发混流层设置中转办票区，国内转国内旅客下机后至就近的中转区办票，然后步行到目标登机口候机，整个中转流程均在航站楼二层（7.5m）混流区内平层完成，旅客最快 10min 便可完成整个中转流程，实现旅客在各登机口的快速中转，极大便利了中转旅客，有利于打造国内中转枢纽机场（图 5-11）。

（2）国内、国际流程立体布局

传统航站楼在规划国际区和国内区时，通常采取平面布局模式，即将国内流程和国际流程平层布置。然而，随着单体航站楼体量变大，航站楼单层面积也逐步增加，随之带来国内与国际中转旅客跨区的步行距离也越来越长。针对上述问题，T5 航站楼通过优化布局，将国内区和国际区由原来的平面布局转为垂直布局，国内与国际流程的互转由平面转为竖向，旅客不需要在平

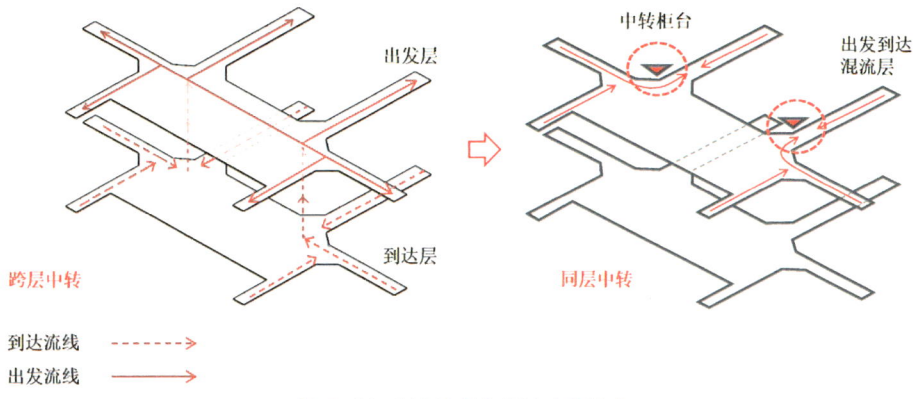

图 5-11　跨层中转与混流中转模式

层长距离行走，而是借用电梯、扶梯等垂直交通工具，减少了旅客的行走距离与流程时间，压缩旅客的 MCT 时间，例如针对国内转国际免提行李或通程中转的旅客，该部分旅客由于不需要提取行李，通过航站楼二层（7.5m）国内空侧混流层，乘坐电梯至航站楼三层（14.5m），在联检区旁边的集中中转中心完成中转手续的办理（图 5-12）。

（3）可转换机位

可转换机位是指同一近机位可以实现国际、国内功能的灵活转换，实现国际、国内航班的"无缝衔接"。对于国际航班国内段中转的旅客而言，可转换机位能够大幅缩短中转流程的步行距离，实现就近中转。T5 航站楼设置了 25 个可转换机位，可转换机位的国际和国内进出港流程分别设置在航站楼不同楼层，即航站楼三层（14.5m）国际出发层、二层（7.5m）国内混流层和夹层（4.2m 和 2.2m）国际到达层（图 5-13）。通过可转换机位，一个航空器只需停靠一次近机位廊桥，即可完成在国际、国内不同航班的灵活转换，满足国内、国际旅客的到达、出发流程。同时，国内航班进出港高峰时刻与国际航班进出港高峰时刻往往并不完全重合，一般呈错峰状态，所以会出现繁忙时期国内近机位十分紧张，而国际近机位却空闲，或者两者相反的情况，而可转换机位可以利用波峰时差，最大限度提高近机位的使用效率。

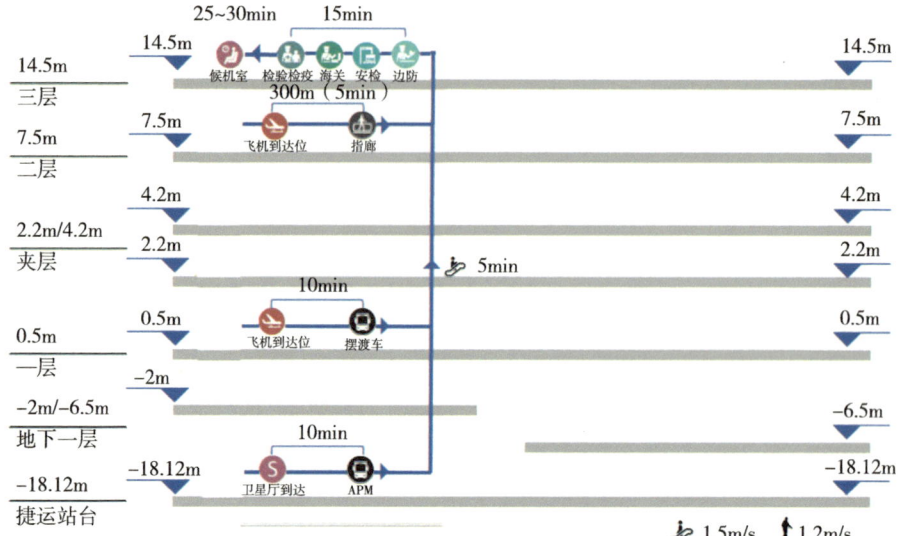

图 5-12　T5 航站楼国内转国际流程

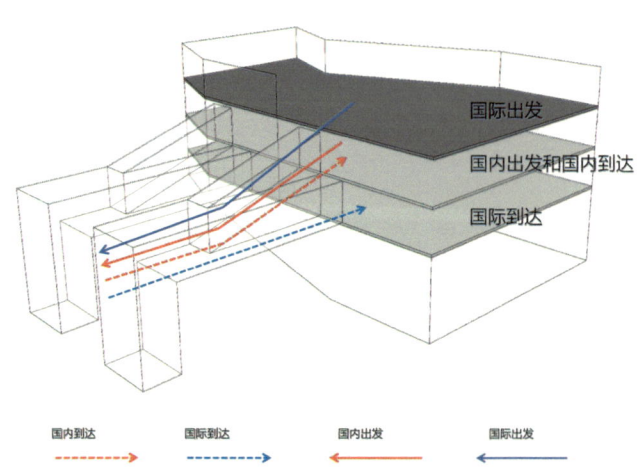

图 5-13　可转换机位廊桥连接流线

（4）集中中转区

在旅客中转流程设计中，除考虑流程布局外，中转区的布局也是一个重点。集中设置中转区能便于旅客办理相关手续，减少旅客步行距离，同时也可以更好地适应航空公司的中枢运作。为方便中转旅客办理手续，结合国际、国内到达和出发流程，T5 航站楼在主楼设置 3 处集中中转区，除设置必要的办票和行李托运柜台外，还增设了"三关"联检区域，便于国际和国内

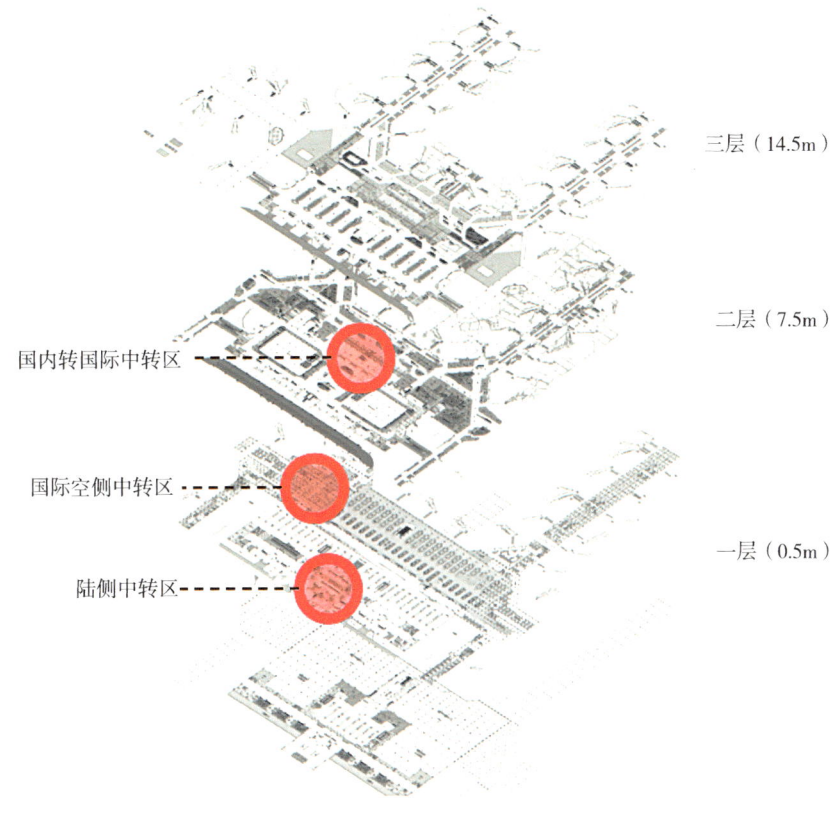

三层（14.5m）

二层（7.5m）

国内转国际中转区

国际空侧中转区

陆侧中转区

一层（0.5m）

图 5-14　T5 航站楼集中中转区

互转旅客集中办理联检和中转手续，同时围绕中转旅客需求，还设置了休息区、商业等服务设施，极大提升旅客中转体验（图 5-14）。

除此之外，为提升互转效率，推动枢纽建设，T5 航站楼还从有利于基地航空公司业务发展为出发点，考虑航站楼资源均衡利用和减少通程航班旅客跨楼中转等因素，将东航、海航两家基地公司分楼运营。按照旅客中途是否提取行李，中转流程分为通程中转和非通程中转，通程中转是指旅客持联程机票，在始发站办理所有站点的登机手续，领取多个联程航段的登机牌，行李从始发站直接托运到终点站，旅客在中转机场不需走出隔离区提取行李，最大限度节省了旅客的中转时间。因此，通程中转将会是未来中转流程发展的主要趋势，而通程中转一般在基地航空公司及其航空联盟内部操作。

5.2 陆侧交通系统

西安地处欧亚大陆桥（中国段）中心，是全国内陆型经济开发的战略高地，也是国家确定的国际综合交通枢纽城市。而国际综合交通枢纽城市建设需要一流的国际航空枢纽来支撑，本项目是陕西交通集疏运系统中重要的基础设施建设项目之一，项目规划建设的机场综合交通枢纽，集中布置了航空、铁路、高速公路等对外运输方式及城市公交、城市轨道、出租车及网约车等城市交通方式，实现了不同交通方式的立体化衔接，打造了集多种运输方式于一体的现代化综合交通运输体系。

5.2.1 机场综合交通运输体系概况

综合交通运输体系是指在社会化运输范围内，由航空、铁路、道路、水路及城市轨道等多种不同的交通方式组成，共同协作，服务于经济社会发展的综合性交通网络。建设综合交通运输体系是提高交通运输整体效率和服务水平、降低物流成本的有效途径，是优化运输结构、实现交通运输战略转型的迫切需要，是集约利用资源、节能环保的客观要求，对推动交通强国建设具有重要意义。

西安咸阳国际机场是我国西北地区最大的空中交通枢纽，也是陕西融入共建"一带一路"的核心窗口，本项目抓住有利时机，不断优化机场综合交通运输体系，积极争取高速铁路、城际铁路、城市轨道等各类轨道交通方式在机场设站，加快构建以西安咸阳国际机场为核心，集航空、铁路、高速公路、城市公交、城市轨道、机场巴士、出租车、社会车辆等多种交通方式于一体的航空主导型综合交通枢纽。目前，根据关中城市群都市区城市轨道交通线网规划，除已运行的地铁14号线外，西安咸阳国际机场未来还将引入地铁12号线、17号线；其中，地铁14号线东起国际港务区，西至西安咸阳国际机场，途经北客站，与地铁2号线、3号线、4号线换乘，实现了机场与西安主城区、西安都市圈及关中平原城市群的轨道交通联系。同时，西安咸阳国际机场预留了4台8线铁路的接入条件，为机场未来接入关中城际网、国家高速铁路网提供了可能性。

　　未来，西安咸阳国际机场综合交通运输体系的建设，将进一步拓展机场的综合交通功能，把机场的门户功能、高速铁路和高速公路的延伸辐射作用有机结合起来，以航空联通世界，以高速铁路辐射周边省份，以城际（市域郊）铁路覆盖关中城市群，以地铁服务西安都市圈核心区，再加上高速公路的串联，形成以机场及周边地区为核心、向外延伸辐射的立体化综合交通网络，增强陕西辐射中西部、连接全国、通达世界的能力。

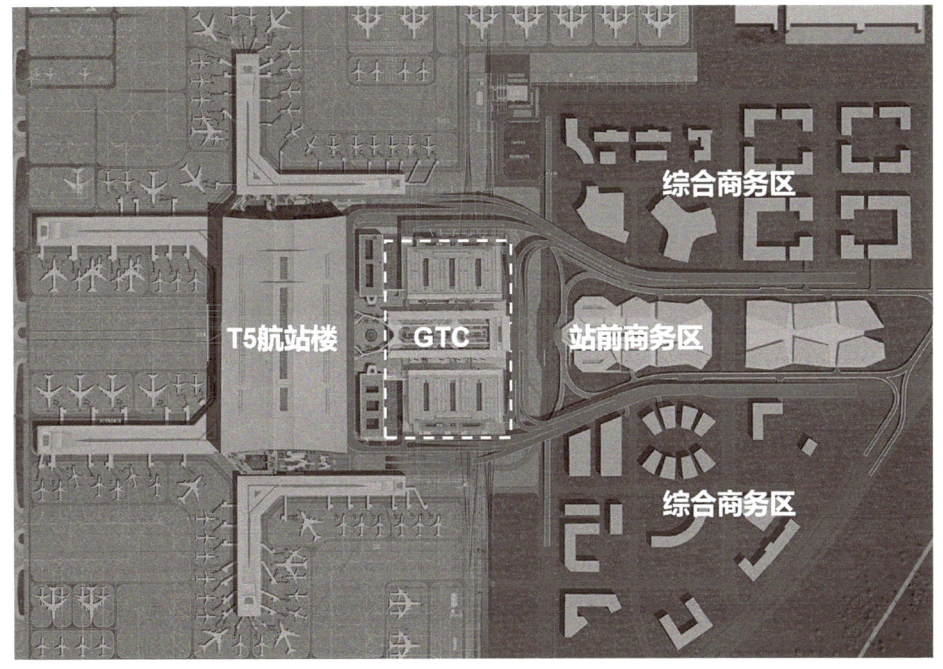

图 5-15　东航站区 T5 综合交通中心位置

5.2.2　T5 综合交通中心建设

　　综合交通中心是指在整个综合交通运输体系中，汇集各种交通换乘方式于一体的大型综合换乘站。综合交通中心的规划要在保证各类交通方式系统独立性的同时，整合各类交通方式，最大限度地提高换乘便捷度，把综合换乘时间压缩到最小。在机场建设综合交通中心已经成为一个趋势，意义重大，对交通资源布局、交通方式、旅客出行习惯、带动产业发展等方面都有深远的影响。本项目建设的 T5 综合交通中心（GTC）是机场综合交通枢纽规划建设的重点，位于东航站区中轴线位置，西侧紧邻 T5 航站楼，东侧紧邻空港新城综合商务区，总建筑面积 35 万 m²，其中旅客换乘中心 10.54 万 m²（图 5-15）。本节将从集成、联通、转换、融合四个角度阐述如何规划 T5 综合交通中心。

集成：是基础，是综合交通中心建设的基本需求。每一种交通方式都有其特有的功能定位和优势领域。对机场综合交通中心而言，集成度越高越好，交通方式越多越好，因此要建立以机场为核心的综合交通中心，就是要将高速铁路、城际铁路、高速公路、城市轨道等多种交通方式集成到一个功能中心，北京大兴国际机场、上海虹桥国际机场便是很好的范例。而集成的关键在于各种交通方式一体化的系统组织，解决好各种交通方式分而治之、各自为政的态势，这样综合交通中心的优势才能充分发挥出来。

在 T5 综合交通中心建设中，本项目按照规划一体化、建设一体化的思路统筹推进机场与各类交通方式的有序衔接。

首先是规划一体化，即 T5 综合交通中心集成各类交通运输方式的集疏散功能，主要包括铁路的候车厅、站台、到达厅，地铁的站厅、站台及长途大巴、机场大巴、城市公交车、机场摆渡车的换乘厅，旅客值机区等；同时，按照一次规划、分期建设的原则，依据机场业务量分阶段实施轨道交通建设，在 T5 综合交通中心，做好了各类轨道交通方式的功能预留，例如按照 4 台 8 线的规模预留了铁路工程（含高速铁路、城际铁路、市郊铁路功能），在已建成的地铁 14 号线的基础上，预留了地铁 12 号线、17 号线车站的土建结构及设备接口等，避免后期因基础设施条件不足造成施工困难，甚至无法实现航空与轨道近距离立体化换乘（图 5-16）。

其次是建设一体化，T5 综合交通中心功能多样、设计复杂、专业接口多、工程界面交叉多，因此本项目将航空、铁路、城市轨道等各交通主体建设实施的项目统筹协同推进，在统一设计的基础上，实现了不同项目工程建设同步。

联通：是前提，是建立更为高效的空间组织关系的关键。T5 综合交通中心的核心是来自不同交通方式人流的集中和疏散，而要实现人流快速集疏，就要打通综合交通中心与周围功能建筑的空间关系，否则就谈不上快速的人

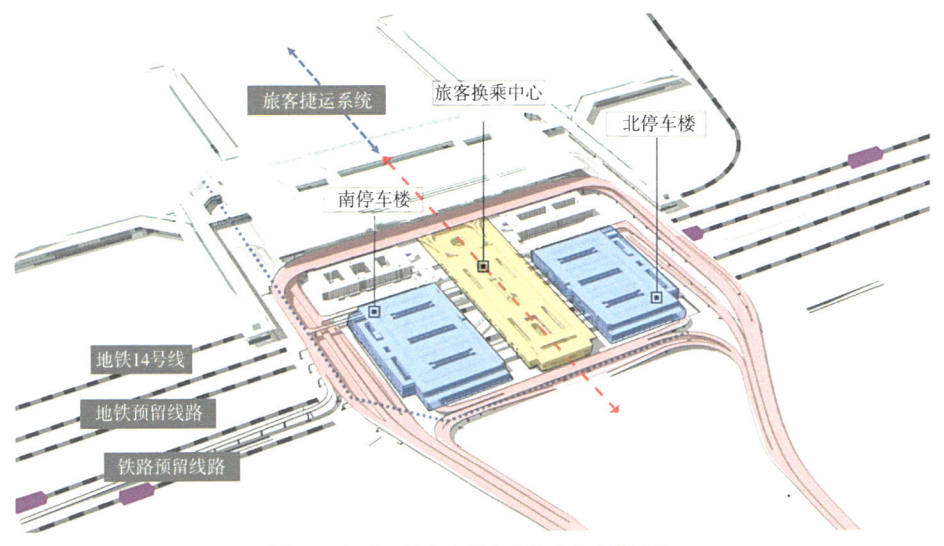

图 5-16　T5 综合交通中心的多种交通途径

流集疏。T5 综合交通中心主要通过水平联通和垂直联通两个方面，实现了更为人性化、更加高品质的公共空间。

　　首先是水平联通，由于旅客换乘中心位于东航站区各类功能建筑的中心位置，本项目建立了旅客换乘中心与航站楼、停车楼、空港新城综合商务区的水平联系通道，减少旅客在不同功能建筑间的楼层转换次数和步行距离。例如旅客换乘中心与 T5 航站楼的二层（7.5m）、一层（0.5m）、地下一层（-6.5m）实现三层联通，方便出发旅客、到达旅客的平层转换（图 5-17）。

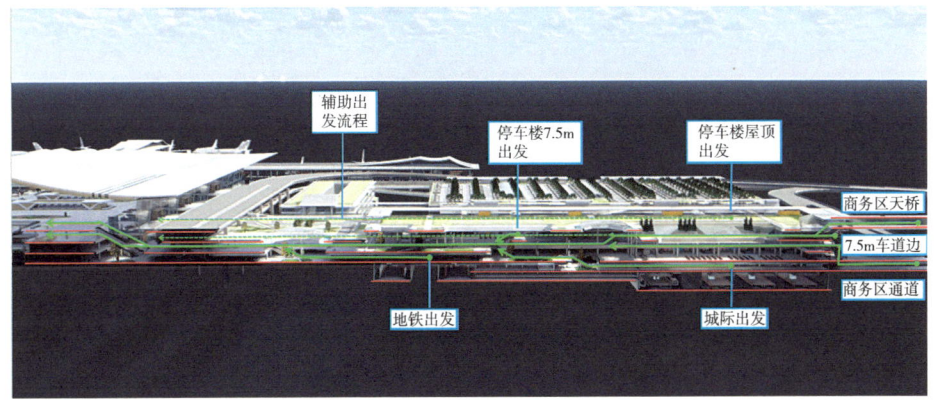

图 5-17　T5 综合交通中心水平联通剖面示意图

图 5-18　旅客换乘中心与停车楼人行连廊

同时，在旅客换乘中心、停车楼、旅客过夜用房之间设置多处人行连廊，加强了各类建筑间的水平交通联系（图 5-18）。除此之外，本项目还在旅客换乘中心地下一层（-4.5m）设置地下通道，与空港新城综合商务区实现联系。

其次是垂直联通。旅客换乘中心共设地上 2 层、地下 3 层，其中地上一层为巴士候车区、旅客值机区，地下一层为地铁站厅及铁路候车厅，地下二层为铁路旅客到达厅，地下三层为地铁及铁路的站台层，这种垂直整合各类交通设施的方式，避免了线性串联布置带来的旅客长距离行走。同时，在竖向上打通不同楼层，在旅客换乘中心内设计多个垂直共享中庭，结合电梯、扶梯等垂直交通工具联系地铁、铁路、巴士、航空出发等各层功能（图 5-19），方便了旅客在航空与地铁、铁路之间的交通换乘，旅客换乘地铁步行约 150m，3min 便可完成换乘。

转换：是关键，是指不同交通方式的换乘关系问题。每两种交通方式之间都要形成换乘关系，都有出发、到达两条流线，例如 T5 综合交通中心集

（a）

（b）

图 5-19　T5 旅客换乘中心垂直联通

（a）剖透视；（b）垂直联通中庭

成航空、铁路、公路（私家车、公交车）、地铁四种、五类交通方式，其换乘关系有10种，流线有20余条，每次换乘需15~30min，因此优化旅客在多种交通方式的转换，提供简洁、顺畅的旅客换乘流线，缩短换乘时间，成为建好综合交通中心的关键性问题。T5综合交通中心建设强调"缩"与"简"两个动作，即缩短行走距离、简化转换楼层，最大限度减少换乘时间，简化换乘流线。

首先是缩短行走距离。旅客换乘中心建筑空间大、功能众多、流程复杂，集成了交通、商业等多元化的旅客服务功能，因此行走距离长一直是影响旅客换乘效率的关键因素。综合考虑上述因素，本项目采取拉近旅客上下车点位与航站楼的距离，以"车多走"代替"人多走"，例如将公交、巴士等大容量交通工具的上客区布置在旅客换乘中心，且靠近航站楼的位置，旅客最远步行不超过200m（图5-20）。

其次是简化转换楼层。T5综合交通中心集成了各类交通设施和功能空间，楼层多、转换流线复杂成为无法回避的问题，因此简化楼层的转换次数成为

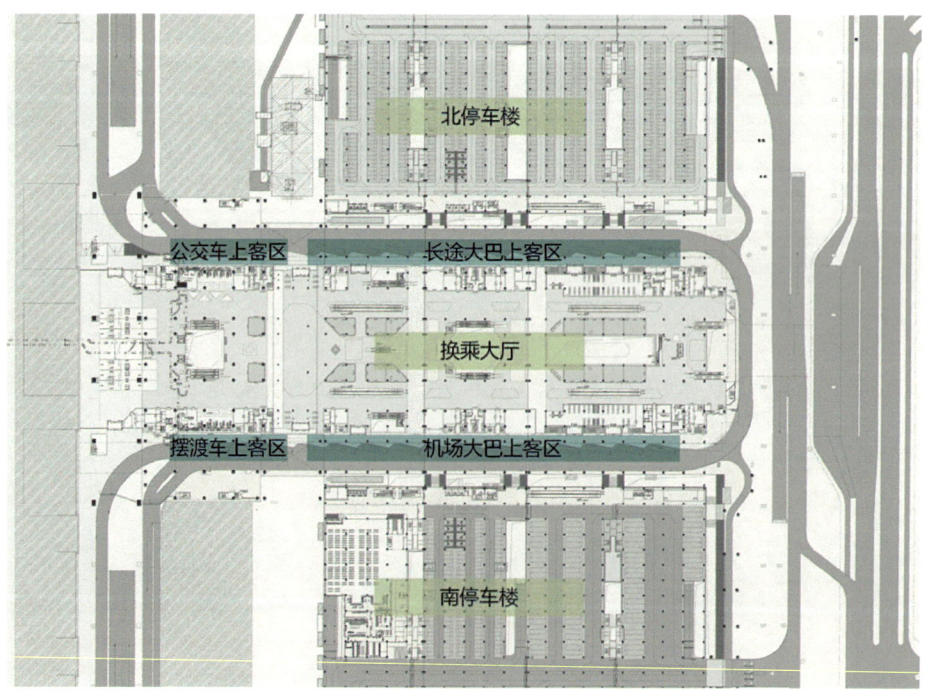

图5-20　T5综合交通中心公共交通上客区位置示意

图 5-21　T5 综合交通中心跨层扶梯

提升旅客换乘效率的重要因素。除 T5 航站楼楼前设置双层出发车道边，实现国内商务旅客、无托运行李旅客平层办理值机、安检手续外，还采取了跨层直连，实现不同楼层的直接联通，避免层层停转。例如针对通过地铁等轨道交通方式到达机场的出发旅客，设置了旅客换乘中心 1.5m 标高层至航站楼三层的跨层扶梯，旅客至多乘坐一次扶梯就可以上至 T5 航站楼三层，减少了楼层转换次数（图 5-21）。

融合： 是综合交通功能的拓展，各种交通方式你中有我，我中有你。本项目将 T5 航站楼的部分功能融入 T5 综合交通中心，优化机场服务。一是车道边拓展，航站楼陆侧车道边是机场陆侧交通链条中的关键环节，也是机场容量达到饱和时的敏感地区，因此车道边资源不足一直是枢纽机场可持续发展的"瓶颈"。在 T5 综合交通中心功能规划中，为解决航站楼车道边资源不足的问题，在旅客换乘中心的北侧、南侧设置了两条车道边，将车道边功能融入综合交通中心，实现"多车道边、多出入口"。二是值机功能融合，为了提升旅客的乘机体验，将值机厅功能融入旅客换乘中心一层（1.5m），设置值机柜台和行李交运设备，让乘坐轨道交通等到达综合交通中心的旅客就近办理值机和行李交运，实现航站楼功能向综合交通中心的延伸。三是信息融合，充分运用大数据和云平台等信息技术，打破民航与巴士、轨道、公交等其他交通方式的信息和服务边界，搭建综合交通一体化平台，协同铁路、地铁、机场停车、机场大巴、出租车等相关交通运输信息，为旅客提供实时、准确的交通服务信息。

5.2.3　陆侧道路交通组织

陆侧道路交通系统是机场联系城市的重要纽带，承担着机场客货运集散的重要功能。随着全球航空运输业的快速发展，机场的功能也在向复合型和多元化发展，逐渐出现一场多区的现象（一个机场分为多个航站区），因此大型枢纽机场的道路交通流线也日趋复杂。

西安咸阳国际机场东航站区陆侧道路交通主要呈现三个特点：一是交通需求多样化。东航站区与空港新城综合商务区紧邻，除需满足旅客、接送客人员及员工的交通出行需求外，综合商务区与机场的交通联系也是考虑的重点。二是客群来源多层次。随着关中平原城市群建设的推进，渭南、铜川、宝鸡、庆阳等周边城市已成为机场交通客群的重要组成部分，因此有必要在整个关中平原城市群层面分析机场的客流结构和交通网络空间布局，构建高效的集疏运系统。三是出行结构多模式。目前机场的旅客出行模式主要分为个体化出行和集约化出行两种模式，其中私家车、网约车和出租车属于个体化出行，铁路、城市轨道、长途大巴、机场大巴、公交专线等属于集约化出行。针对上述特点，为应对日益增长的航空业务量及多元、复杂的各类交通流线，本项目通过分区疏解、多向连接，立体组织、快捷高架，流线分类、保障分级，逐级分流、提前引导四个策略构建高效、便捷的陆侧道路交通系统。

1. 分区疏解、多向连接

本项目投运后，西安咸阳国际机场将面临东、西两个航站区运行的需要，因此为加强两个航站区的协同运行，提升进离场运行效率，为旅客提供容错

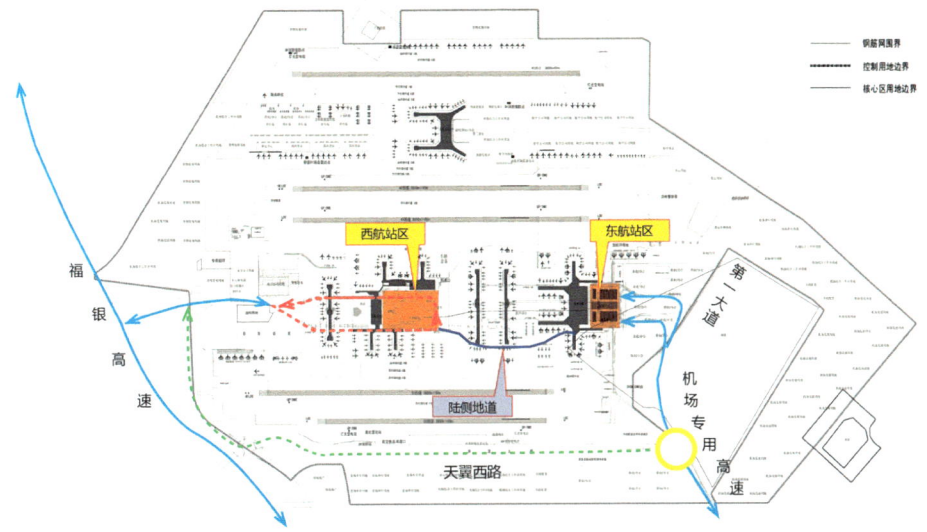

图 5-22　机场交通组织策略

性强的道路交通组织，采用了"东进东出、西进西出、东西连通"的机场交通组织策略（图 5-22）。前往东航站区的旅客主要从东侧路网进出，前往西航站区的旅客主要从西侧路网进出，机场范围内东、西航站区通过场内、外道路进行联系；东、西航站区的外围到达出发交通主要通过福银高速、机场专用高速、机场外围的快速环线实现。通过东、西分区布局，实现了机场对外交通压力的疏解以及不同方向交通的高效衔接。该交通组织策略主要具有以下特点：

高效适应总体规划。根据西安咸阳国际机场总体规划（2016 版），远期规划南主、北辅两个航站区，南航站区分东、西两区，中部为空侧站坪区域。通过布置东、西两区独立的对外交通系统，实现陆侧相互独立、互不打扰的进出场交通系统。

快进快出的交通流线。西安咸阳国际机场东、西两个航站区分别接入不同的高速路网，其中机场西侧连接福银高速，东侧连接机场专用高速，分别为东、西向客流提供独立的进出场路径，节约旅客进出场时间，提升运行效率。

东、西区互联互通。根据机场运行特点，两个航站区往往会存在大量旅客、货物的转运需求，因此本项目构建了机场内部多维度、多途径的相互联系，为机场工作人员提供快捷方便的联系通道，也保证了两个航站区之间旅客的相互通行。其中，机场陆侧地下通道主要服务摆渡车、大巴车等运行保障车辆，空港新城的环形道路系统主要服务出租车、私家车等社会车辆，同时地铁 14 号线在机场东、西航站区均设站，为旅客提供了跨区转运的轨道交通。

2. 立体组织、快捷高架

西安咸阳国际机场东航站区陆侧空间受限，属于同规模机场陆侧空间最小，且需要布置地铁、铁路、巴士、公交等各类交通方式的候车、落客、停车空间及车道边、道路等，有限的场地空间与多元、复杂的陆侧交通需求存在相互制约。因此，本项目将道路系统、车道边的平面化布局转为竖向布局，结合不同旅客流程，将机场道路系统竖向划分为地下道路系统、地面道路系统和双层高架桥系统，形成地下、地面、地上相互独立运行的立体道路体系，实现机场不同道路流线的高效布局（图 5-23 ）。

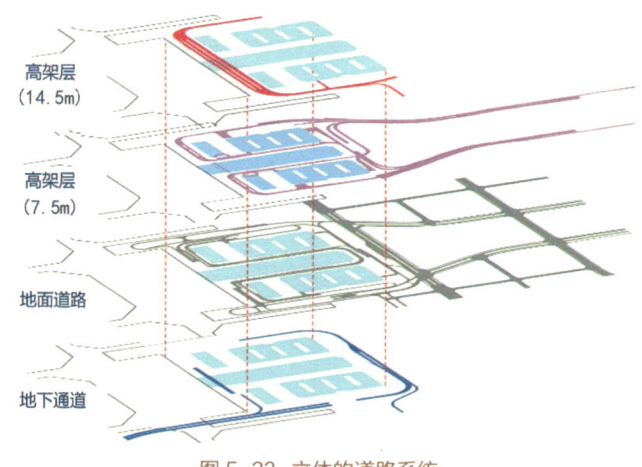

图 5-23 立体的道路系统

与此同时，考虑进离场高架系统是东航站区对外的主要联系通道，占远期高峰小时单向进场交通量的 90% 以上，因此通过车道建设规模比选，本项目将东航站区进离场高架系统设置为单向 5 车道，高峰小时路段的饱和度为0.98（表 5-3 ）。另外，采用北进南出的逆时针单向大循环组织模式，避免了进离场流线的交织，实现有序分合流；同时，为提高车道边使用效率，旅客

  人文机场研究与西安实践

换乘中心二层（7.5m）南、北两侧的车道边系统采取独立运行，且互不干扰模式，进一步提高车道边的运行效率（图5-24）。

车道通行能力   表5-3

建设规模	车道系数	设计通行能力	饱和度
单向4车道，50km/h	3.2	4320pcu/h	1.13
单向5车道，50km/h	3.7	4995pcu/h	0.98

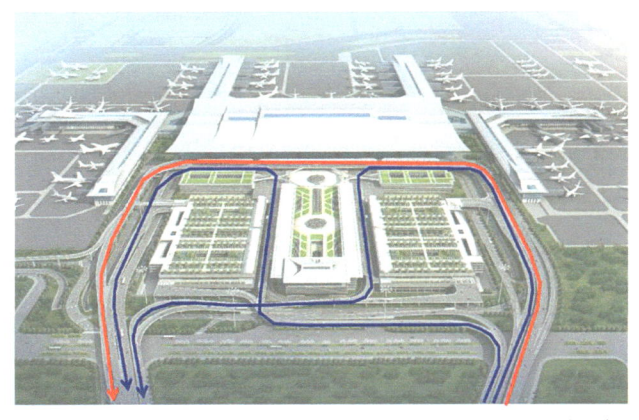

——→ 三层（14.5m）出发流线   ——→ 二层（7.5m）出发流线

图5-24　东航站区进出场交通流线示意图

3. 流线分类、分级保障

对于枢纽机场来讲，旅客的出行需求和出行方式是多元化的，本项目前期对东航站区的各类车辆流线进行梳理，其中涉及旅客的车辆流线达72条，若考虑员工、后勤等服务需求，车辆流线达100余条，呈现出类型多、数量大的特征。而要完全统筹兼顾上述所有流线，确保所有车辆流线均能实现便捷功能是非常困难的，因此在道路交通流线组织中，本项目贯彻流线分类、分级保障的理念，确保旅客进出场流线通畅，力求东航站区陆侧交通整体运行高效。

按照重要程度，东航站区各类车辆交通流线可以分为主要流线、次要流线和可能流线（表5-4）。针对主要流线（即车流量大，每一种流线占比大于5%），采取优先保障，确保顺畅、快进快出，例如出发旅客的车行流线、前往停车楼的车行流线等；针对次要流线（车流量较小，但影响机场正常生产运行），采取重点考虑，保证流线顺畅，但服从主要流线，例如通往旅客过夜用房的车行流线、摆渡车流线等；针对可能流线（车流量极少，主要为紧急情况下的容错流线），确保有路通行即可，可接受绕行。

流线分类保障表

表 5-4

级别	分类	内容	备注	组织原则
主要	大部分旅客交通	出发流线	流量较大（占比大于80%），重要流程	优先保障流线顺畅，快进快出
		车库流线		
		接客流线		
		VIP 流线		
		……		
次要	部分旅客交通 工作交通 员工交通	北向车库流线	流量较小（占比10%~20%），但是机场正常运行所需的常规流程	重点考虑流线顺畅，服从主要流程
		酒店流线		
		东、西区联系流线		
		城市行李车流线		
		……		
可能	部分后勤交通 紧急情况下的流程 容错流程	车库满员离场流线	流量极少（占比小于5%），特殊工况下的流程	有路径通行，可以接受绕行
		接客出租车离场流线		
		误入 VIP 离场流线		
		商务区进出车库流线		
		……		

4. 逐级分流、提前引导

T5 航站楼及 T5 综合交通中心是一个复合型的大型综合交通枢纽，目的地众多，道路指引信息复杂，涵盖 T5 航站楼、旅客换乘中心、南停车楼、北停车楼及旅客过夜用房的不同楼层，因此本项目提前设置交通标牌，通过多次逐级分流，将车流更精准、快速地引导至目的地，实现明确、清晰的指引。同时，道路的分流点是影响道路交通系统复杂程度的重要因素。分流点是同一行驶方向的车辆向不同方向分离行驶的地点，因此为降低道路交通系统的复杂度，本项目不断优化道路分流点设计，延长两次分流点的距离，减少驾驶员对分流点的判断次数与频率，例如东航站区进场高架两个分流点的平均距离为203m，离场高架两个分流点的平均距离为183m，每一个分流点的目的地判断方向为2个，为驾驶员预留充裕的反应时间，也提高了道路交通的安全系数（图5-25）。

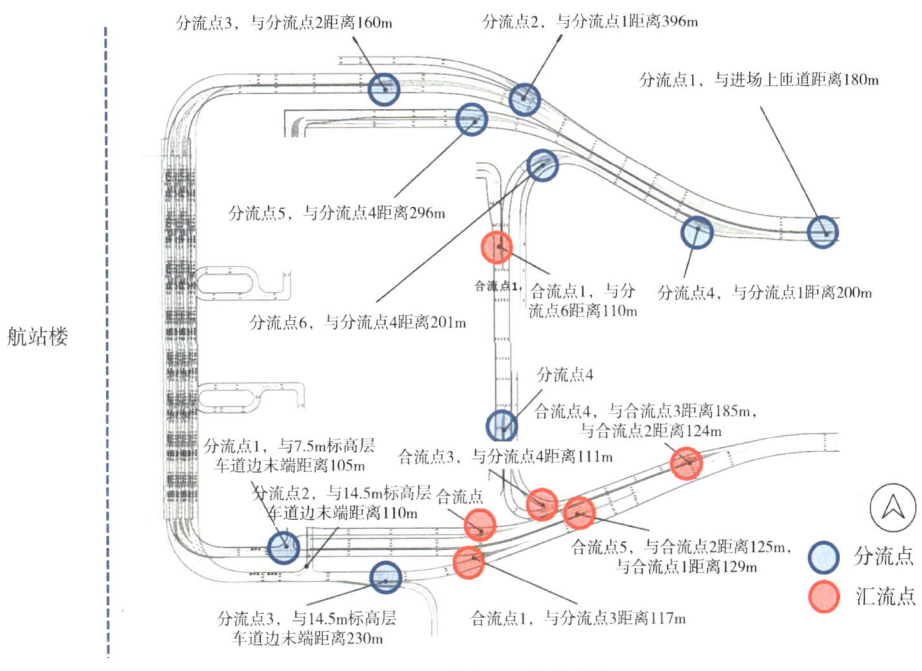

图 5-25 分流点、汇流点分布

　　除此之外，按照"简洁明了、便于识别、易于记忆、指向明确"的原则，从驾驶员的视觉角度和体验感出发，本项目还采用电子可变信息牌，对东航站区 33 处高架桥交通标识和 29 处地面、地下道路交通标识进行优化，方便驾驶员快速识别交通信息。

5.2.4　停车与落客设施规划

　　近年来，随着旅客吞吐量的快速增长，国内枢纽机场航站楼的设计容量逐渐趋于饱和，部分航站楼实际已经处于超负荷运转状态，这不仅无法支撑机场未来发展的需要，甚至难以保障当前条件下机场的服务水平和运行效率。而影响航站楼设计容量的主要因素包括航站楼规模、登机口数量和陆侧资源等，其中停车与落客设施是陆侧资源的重要组成部分。本节以停车与落客设施为落脚点，重点分析西安咸阳国际机场东航站区停车楼和车道边的设施规划，确保满足未来航站楼的运行保障功能。

1. 高效、智能的停车楼

随着我国汽车保有量的不断增加，每天来往机场的汽车数量与日俱增，机场停车楼的规模不断扩大，停车楼层数增加，车位数庞大，旅客在停车楼内的方位感体验越来越差。为确保给旅客提供舒适的使用体验和较高的运转效率，本项目通过模块化布局、流线分级和智慧赋能等措施，合理规划空间布局，注重旅客体验，提升管理效能，打造安全、便捷、舒适、智能的停车环境。

模块化布局。模块化设计是一种科学的设计方法，它将复杂的系统或产品分解为多个独立模块，每个模块都具有特定功能，可以按照不同的组合方式构成完整系统，提高系统的灵活性和可扩展性。西安咸阳国际机场东航站区停车楼对称布置于旅客换乘中心南、北两侧，结合道路系统的复杂性和旅客停车位需求，停车楼采用模块化、单元式布局，将两栋停车楼分解为八个敞开式模块，在满足建筑防火分区的基础上，模块化布局能够提升旅客在停车楼内的方位感与寻车效率，同时模块化布局具有一定的灵活性，方便运营单位根据停车需求，分阶段、动态投入使用（图5-26）。

流线分级：流线组织是停车楼设计的重中之重，也是最能体现人文关怀的方面。顺畅、合理的停车楼流线组织，能够方便驾驶员快速驶入、驶离车位，有效提高停车楼的运行效率。东航站区停车楼共分地上4层、地下3层，单层建筑面积2万 m^2。一方面，采用"大循环＋中循环＋小循环"的流线组织模式，形成立体循环流线格局，其中"大循环"连接停车楼不同楼层，采用单向两车道行车；"中循环"连接停车楼同层的不同停车单元，采用单向两车道行车；"小循环"连接同一停车单元的停车区，采用双向两车道行车，同时消除了尽端路及行车盲区，实现车辆流线的便捷（图5-27）。另一方面，停车楼内的快、慢车道独立设置，上、下行坡道靠近出入口，这样能够快速

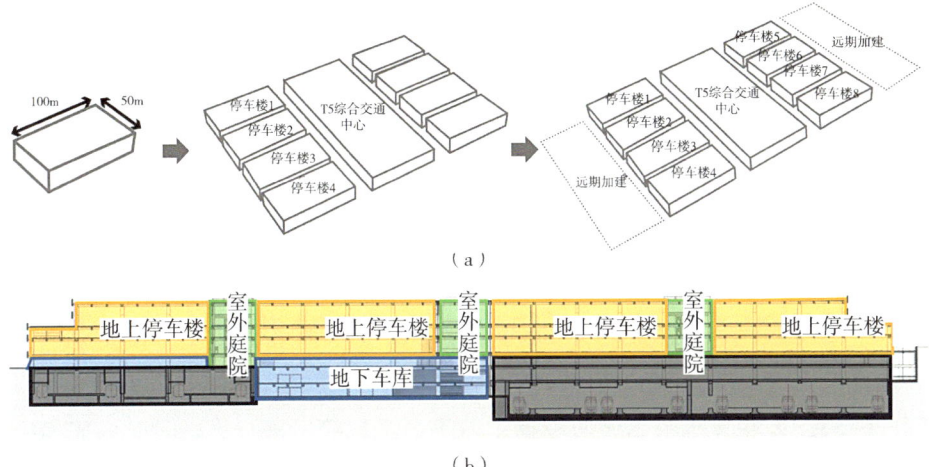

（a）

（b）

图 5-26　停车楼模块化布局

（a）布局方式；（b）剖面示意图

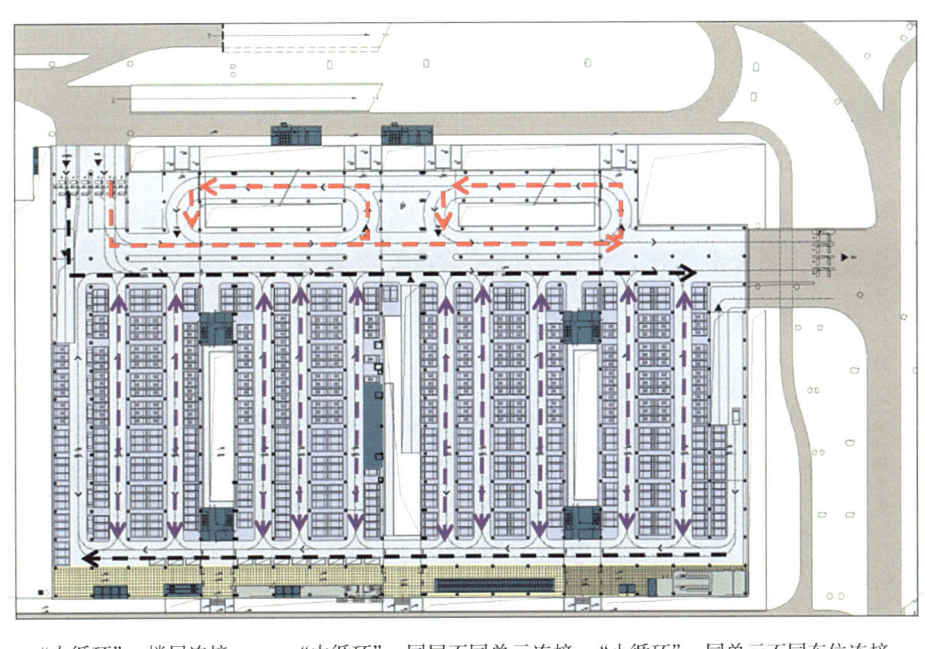

"大循环"：楼层连接　　　　"中循环"：同层不同单元连接　　"小循环"：同单元不同车位连接

图 5-27　停车楼流线组织示意图

疏导车流，避免出入口拥堵。同时，沿车行流线设有专用行人通道，联系楼内车道边和停车区域，形成完善的人车分流系统，减少车辆和行人的交叉，提高停车楼的使用效率，并保障行人安全。

智慧赋能：如今，停车难已经成为制约大型公共交通建筑可持续发展的重要因素。同时，驾驶员在停车楼内寻找车位的过程往往会消耗大量的时间和能源，增加汽车尾气排放。因此，为充分解决该问题，本项目通过智慧赋能，一方面应用了智慧停车场管理系统，提供泊车引导、智能寻车、停车管理、车辆信息管理、自助／人工收费、视频／图片管理、设施资源管理和集控管理等功能模块；另一方面，在停车楼北侧一、二模块设置 AGV 全自动无人进入式智能停车，旅客驾车到达智能停车区，将车辆停入多个汽车驳台之一，下车离开，再由 AGV 机器人将汽车运送到停车区，进而节省了旅客的时间。同时，还在人流密集区域设置了航班显示屏等设施，第一时间为旅客提供航班信息，提升便捷使用体验。

2. 便捷、人性化的车道边

车道边是机场陆侧交通系统中的关键环节，是航站楼与楼前道路交通系统的连接点，其主要功能是满足车辆停靠，实现旅客上下车及行李装卸等，包括出发车道边和到达车道边。

双层出发车道边。科学、合理的车道边长度是机场陆侧交通体系规划建设的关键，不仅影响着旅客的服务体验，更是衡量机场陆侧交通运行效率的重要指标。出发车道边长度主要受高峰小时车辆数量和车辆类型等因素影响。东航站区出发车道边服务的车辆类型包括私家车、出租车、网约车、大巴车等。经测算，T5 航站楼出发车道边共需 1194m，其中私家车 388m，出租车（含网约车）608m，大巴车 180m，中巴车 18m（表 5-5）。综合考虑 T5 航站楼的整体尺寸，采用双层出发车道边，分别衔接 T5 航站楼的三层（14.5m）和二层（7.5m）两个出发层，从而有效解决了超大规模航站楼前车道边需求不足的问题。与此同时，针对 T5 航站楼三层（14.5m）、二层（7.5m）出发车道边的功能定位，采用"以三层为航空主出发层，二层为次要出发层"的车道边分配模式，三层（14.5m）车道边服务全部国际出发旅客、有行李托运的国内出发旅客及所有乘坐巴士的旅客，二层（7.5m）车道边服务无托运行李的国内出发旅客、国内"两舱"旅客等。

公交优先、楼前布置。公交优先是指将公共交通放在城市交通发展的首位。对于机场而言，公交优先是要将公共交通基础设施布局在最便利的地

出发车道边规模预测表　　　　　　　　　　表 5-5

车辆类型	出租车	小汽车	机场巴士	旅游／社会大巴	中巴	合计
进入出发层（辆／日）	23967	15256	469	248	398	40338
高峰小时车辆数（辆／h）	1917	1220	38	20	32	3227
所需车位数量（个）	80	51	7	2	2	142
车道边长度（m）	608	388	140	40	18	1194

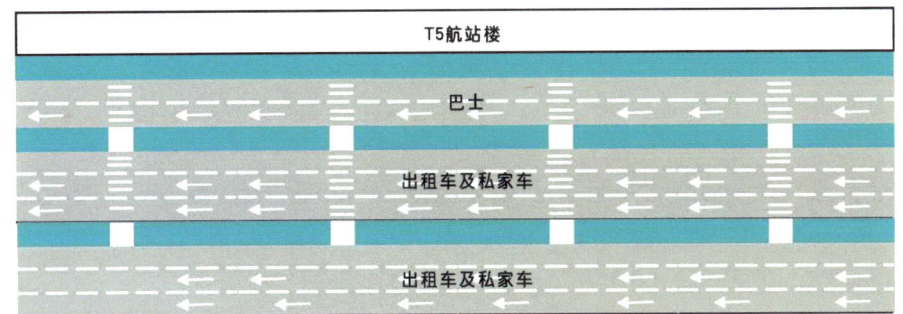

图 5-28　航站楼前车道边公车优先

方，优先保证大运量公共交通的就近换乘，并提供安全、舒适的乘车环境。T5 航站楼车道边设计秉持公交优先理念，一方面将长途巴士、机场巴士等各类公共交通布置在出发车道边最内侧，便于旅客快速进入航站楼，也减少了穿越车道边的旅客数量（图 5-28）。另一方面，出租车作为兼具私家车与公共交通两者特点的出行方式，主要服务商务旅客和随身携带行李较多的旅客，因此也应得到足够重视，本项目将出租车候车区设置在航站楼地下一层（-6.5m）到达层楼前车道边，方便旅客提取行李后能够快速乘坐出租车离开。另外，在秉持"公交优先"理念方面，本项目还考虑了各类地面公共交通蓄车场的选址问题，由于大型枢纽机场航站区空间局促、土地价值较高，楼前布置大规模的停车场比较困难，采用场站分离策略，将长途大巴、机场巴士等蓄车场设置在东航站区东南侧的远端停车场（图 5-29）；在旅客换乘中心一层（0.5m）设置长途大巴、机场巴士、摆渡车及公交车上客车道边，减少楼前车位长时间占用。

动静分离、人车分流。人车分流是机场陆侧交通系统规划的重要原则。特别是枢纽机场，机场陆侧交通规模大、系统复杂，航站楼、旅客换乘中心

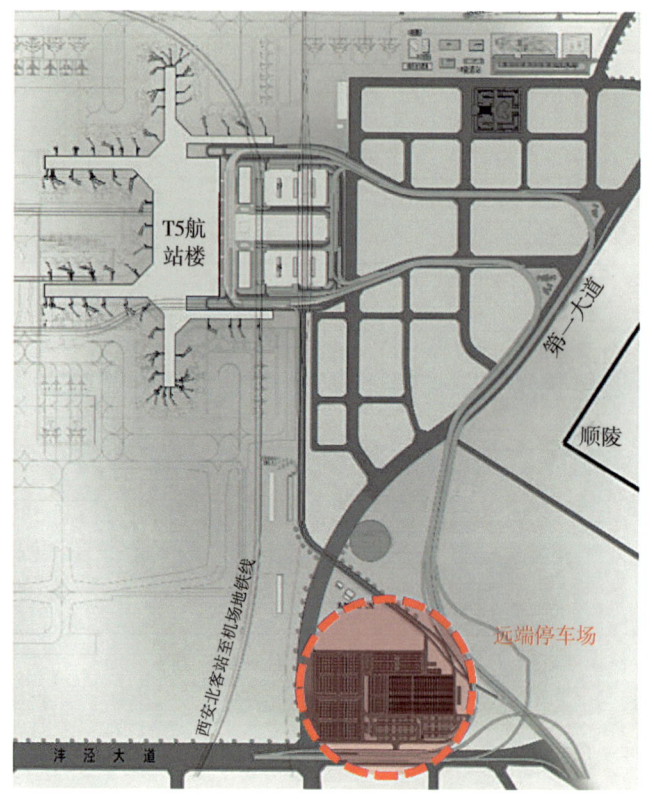

图 5-29 远端停车场位置示意

等功能设施往往被道路包围，从而会产生人流与车流的交织。T5 航站楼车道边设计采用"动静分离、人车分流"的原则，首先将过境车辆与停靠车辆分离，T5 航站楼三层（14.5m）出发车道共设置 3 组"2+3+3"的车道边模式，其中内侧车道设置为停靠车道，满足旅客下车和卸行李等需求，而最外侧车道为过境车道，这种动静分离的车道边模式，能够有效疏解车道的通行压力，提升车道通行效率。其次，采取人车分流，人车分流是指设置独立的人行道路与车行道路系统，减少人行流线与车行流线的重合和交织，例如航站楼与旅客换乘中心之间设置了 3 个竖向层面（航站楼 7.5m、0.5m、-6.5m）的人行连接通道，而大量的私家车、出租车也需要经过航站楼二层（7.5m）、地下一层（-6.5m）车道边驶离机场，从而产生了人车流线交织；基于此，本项目采用竖向分离，将出租车的离场通道设置在航站楼前 -7.6m 下穿通道，保证了人车分流，也实现了出租车快速离场（图 5-30）。同时，采用人车平面分流，将人行流线与车行流线在平面上区分，将航站楼二层（7.5m）车道边设置在旅客换乘中心南、北两侧，避免了人行流线与车辆流线的交织（图5-31）。

创新车道边布置形式。按照车辆的停靠方式，出发车道边分为平行式和锯齿式，其中，平行式是指停靠车位与车道边完全平行，一般适用于小轿车、中巴车等；锯齿式是将停靠车位与车道边形成一定的夹角，使车辆斜停，一般适用于大巴车。T5航站楼三层（14.5m）内侧车道边采用了锯齿式的车辆

图5-30　T5航站楼前出租车下穿通道人车竖向分流示意图

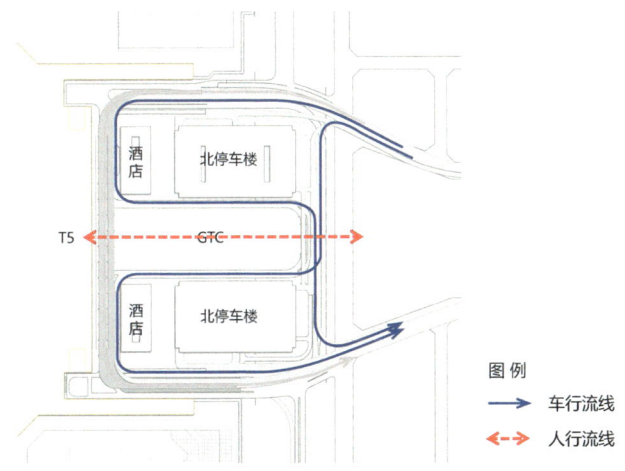

图5-31　T5综合交通中心人车流线平面分离示意图

停靠方式，能够方便机场巴士、长途巴士等大型车辆快速驶入、驶出，提高了车道边的使用效率。

到达车道边分为平行式、斜列式和港湾式，其中港湾式是指将车辆的停靠位设置在机动车道以外，从而使车辆停靠可以有一个独立的空间，不会与其他行进入车流产生相互影响；斜列式是指在上客点斜向平行布置多个停车位，乘客在候车区对应每个停车位的位置排队候车。大巴车、出租车的上客位均采用斜列式的布局，斜列式的优势在于发车和补位效率高，上客完毕后能快速驶出，不受其他车辆影响，同时斜列式也能保证旅客在大巴车双侧安全装运行李（图 5-32）。

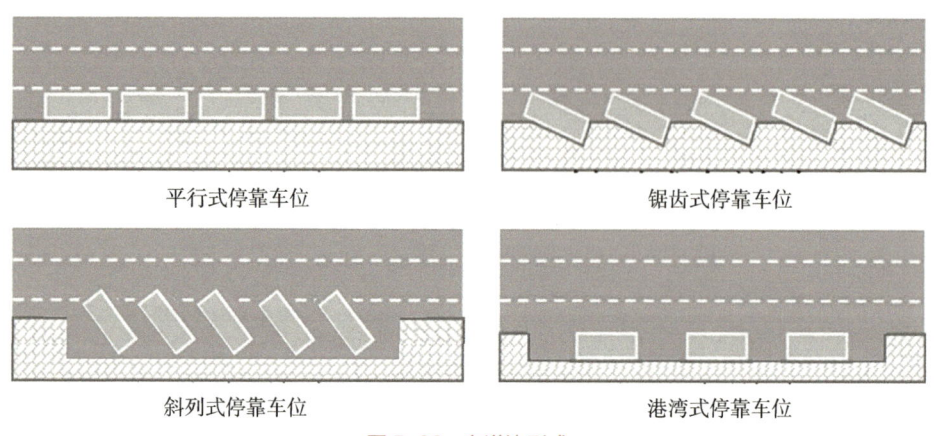

平行式停靠车位　　　　　　锯齿式停靠车位

斜列式停靠车位　　　　　　港湾式停靠车位

图 5-32　车道边形式

5.2.5　慢行交通系统

近年来，在国家"双碳"目标和"绿色出行"理念的指引下，慢行交通作为一种健康、活力、低碳的生活方式，越来越受到重视。如果把城市比作人体，慢行交通就是城市的"毛细血管"，与城市的公共交通系统密切配合，提供了更便捷、更舒适的交通出行体验。与此同时，随着机场规模的不断扩大，临空经济区的快速发展，机场与城市的边界越来越模糊，机场逐渐成为城市的一部分，逐步与临空经济区内居民的工作、生活相融合，慢行交通系统也逐渐成为机场与临空经济区的重要纽带。在东航站区规划设计中，依托空港新城的市政道路网络，结合轨道、公交等公共交通站点，本项目构建了高品质、生态、绿色的慢行交通系统，实现不同交通方式的无缝衔接，主要体现在突出融合、多元衔接，突出分离、安全高效，突出舒适、提升品质三方面。

突出融合、多元衔接。慢行交通系统是机场综合交通系统的一部分，是依附于市政道路的人行道、非机动车道组成的，应与城市公交、轨道交通形成无缝的接驳换乘。在东航站区慢行交通系统设计中，突出"融合"理念，一是交通方式的融合，将航站区的慢行交通系统与轨道交通站点、空港新城公交站点等多种公共交通方式串接，形成"慢行＋公交（地铁）"的出行方式；二是场内外融合，结合空港新城市政道路网和航站区道路网络，打造连续、通畅的站场内外慢行交通系统，例如在远端停车场、东南道口、东北道口及 T5 航站楼东南角设置了 4 处非机动车停车场，员工就近停车后，可通过人行步道前往航站楼、飞行区道口等区域（图 5-33）。

图 5-33 东航站区非机动车停车场位置及非机动车流线示意图

突出分离，安全高效。一直以来，在整个交通运输网络中，慢行交通始终处于一个相对弱势的地位，主要体现在其所处环境的不确定性和易受干扰。因此，为了减少机动车对慢行交通系统的影响，为旅客及员工提供相对安全的慢行交通空间，本项目建立了相对独立的慢行空间，即通过树木、绿化带及路缘石等措施，对机动车、非机动车混行路段设置物理隔离，在源头上杜绝机动车占用非机动车路权空间的现象，为旅客、工作人员提供关怀备至的慢行交通系统（图5-34）。

突出舒适，提升品质。为提高旅客及员工的慢行体验，改善机场地面道路交通沿线的品质。一方面，在人行道两侧种植了行道树，形成慢行林荫绿廊，提供了舒适宜人的慢行交通环境，使旅客、员工能够身心放松；另一方面，大幅增加人行道空间，将宽度增至3m，满足多人并排通行的需求，使旅客及员工的出行体验更为流畅。同时，在非机动车道、人行通道的路面设置了自行车及人行标识，通过专属标识和彩色沥青铺装来强调慢行路权，引导正确的骑行方向，减少非机动车逆行，改善旅客及员工的骑行体验。

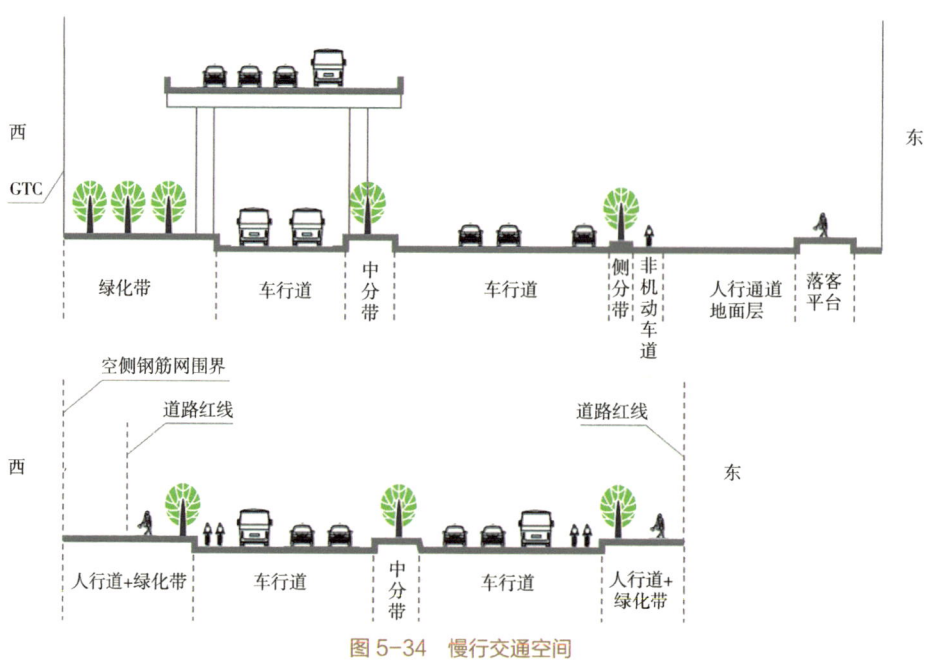

图 5-34　慢行交通空间

5.3 小结

　　本章从西安咸阳国际机场东航站区的车行流线及 T5 航站楼、T5 综合交通中心的旅客流线入手，一方面聚焦机场的陆侧交通系统，打造立体化、多元化的综合交通枢纽，科学组织陆侧道路交通系统，合理规划停车与落客设施，不断优化机场的慢行交通系统，实现机场与铁路、公路、城市轨道等多种交通方式的有效衔接；另一方面聚焦旅客的流程流线，科学优化航站楼构型，不断完善旅客流程，合理布局旅客流程设施，最终实现顺畅高效的旅客流程。

第6章 舒适健康的空间环境

近年来，随着民用航空运输业的快速发展，国内机场开展了新一轮的新建和改扩建项目，在机场的新建和改扩建过程中，往往把更多精力放在航站楼的建筑造型和工艺流程上，对建筑空间环境关注较少。而对旅客来讲，航站楼的空间环境恰恰是其出发到达流程中最主要的停留空间，空间环境也成为影响旅客出行体验的重要因素。因此，在T5航站楼和T5综合交通中心建设中，如何为旅客提供一个舒适、健康的空间环境，成为人性化设计的一个重要目标。本章从人的视角出发，聚焦宜人的建筑空间体验和健康的建筑环境体验两个方面，探讨T5航站楼和T5综合交通中心的室内空间环境。

6.1 宜人的建筑空间体验

"空间"是一个抽象概念，人们往往没有办法给"空间"明确一个非常准确的定义；而对于建筑，建筑的最终目的是服务于人，使用者在建筑中所产生的各种行为均与建筑空间存在着密切关系，建筑空间就是由顶棚、墙体及地面相互围合而成供人使用的立体区域。因此从某种意义来讲，人在建筑空间中的身体移动和视线移动所产生的物理感受和心理感受尤为重要。老子在《道德经》中提到"埏埴以为器，当其无，有器之用。凿户牖以为室，当其无，有室之用。"可以看出，作为建筑实体中所围合出的虚空部分，空间发挥了核心作用；意大利著名建筑理论家布鲁诺·赛维在其著作《建筑空间论》

也说，建筑空间应当是建筑的"主角"。

而对于大型公共交通建筑来讲，由于其体量大、功能流程复杂、动线较长，很容易让旅客产生疲惫、困惑和焦虑情绪，因此如何通过恰当的空间设计手法，减少或避免空间带来的紧张与压抑，创造层次丰富、方向清晰、舒适宜人的空间感受，是高质量航站楼空间设计不可缺少的。在 T5 航站楼和 T5 综合交通中心空间设计中，本项目把旅客的空间体验放在首位，通过层次丰富的空间组织、开放融合的空间节点及舒适宜人的空间尺度等，打破传统航站楼冰冷、坚硬的空间特点，将旅客单调的流程空间改为"远可观、近可赏""急可行、闲可游""累可憩、适可买"的综合交通空间。

6.1.1　层次丰富的空间组织

空间组织，也称为空间结构，是在特定的空间环境下，对人群、物体或活动进行有序布置和安排的过程，空间组织直接影响着人在空间中的感受。T5 航站楼和 T5 综合交通中心的内部空间组织整体呈现复合性、综合性、跨越性、通透性、集聚性、融合性等特征，具体体现在丰富多样的空间形态、复合多元的空间功能、灵活通透的空间边界三个方面。

1. 丰富多样的空间形态

在满足基本交通功能的基础上，结合 T5 航站楼和 T5 综合交通中心的建筑构型，塑造了一条轴线、一条大道、两个边庭、一个峡谷和多个中庭等多元化的空间形态，使整体空间组织呈现较高的辨识度与指引性，最终打造出一个高情感、高舒适度和高人性化的航站楼综合体验空间（图 6-1）。

一条轴线和一条大道。一条轴线是指 T5 航站楼连接 T5 综合交通中心、空港新城综合商务区的生态长廊，一条大道是指 T5 航站楼三层（14.5m）值机大厅中部的阳光大道。轴线与大道呈现带状空间与高大空间的特点，具有较高的空间辨识度与指引性，例如生态长廊轴线通过屋顶采光和通高空间，串联组合形成了一条东西轴线，使旅客在 T5 综合交通中心内的视线始终沿着轴线空间伸向远方，形成清晰的方向指引（图 6-2）；阳光大道创造了一条南北向连通的带状高大空间，正好位于 T5 航站楼坡屋顶的屋脊下方，阳光

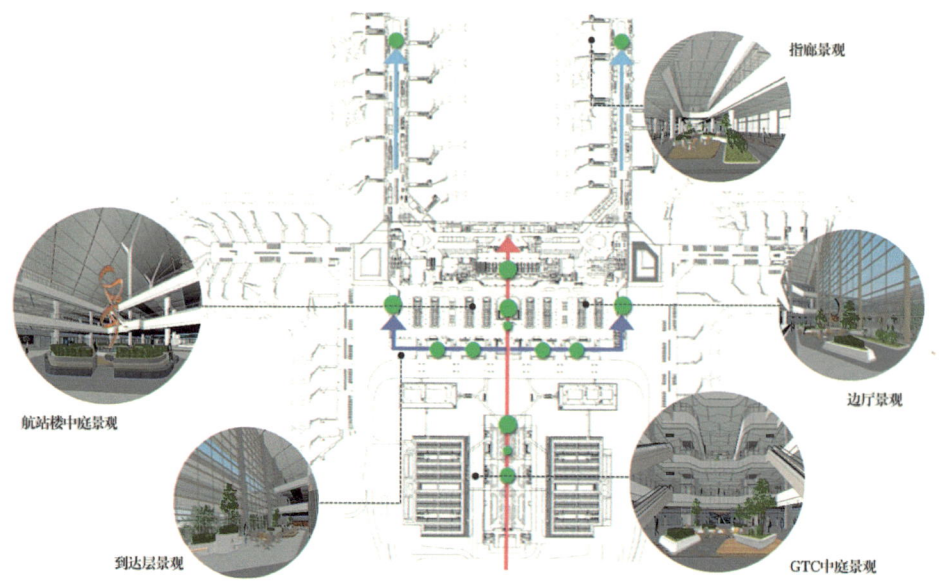

图 6-1 T5 航站楼与 T5 综合交通中心多元空间布局

图 6-2 T5 综合交通中心中央生态轴线

从带状屋顶天窗洒下，形成整个三层值机厅内的视觉中心，具有较强的辨识度，阳光大道连接值机、商业等功能空间，引导旅客完成值机办票行李交运后，进入下一阶段功能空间（图 6-3）。

两个边庭和一个峡谷。两个边庭是指 T5 航站楼三层（14.5m）综合值机大厅南、北侧的内部边庭（图 6-4）；一个峡谷是指 T5 航站楼入口处连接综

图 6-3　T5 航站楼值机大厅阳光大道

图 6-4　T5 航站楼边庭

图 6-5 T5 航站楼垂直中庭峡谷

合交通中心的通高中庭空间（图 6-5）。边庭与峡谷均靠近航站楼建筑外墙，利用通高空间增加了空间高度，同时利用玻璃幕墙带来充足的自然采光，形成明亮的空间氛围，让旅客在航站楼内的空间感受不再枯燥压抑。

多个中庭。多个中庭是指 T5 航站楼、T5 综合交通中心沿东西向轴线，设置多个垂直中庭，通过层层退台的空间设计，结合绿植景观、自然采光和休息座椅，中庭空间营造出舒适宜人的节点休息空间，缓解旅客在连续换乘中的紧张情绪及疲惫感，同时也为商业空间带来更多的旅客停留（图 6-6）。

2. 复合多元的空间功能

复合多元的空间功能是指在内部空间组织过程中，将多种功能空间进行垂直或水平叠加组合，使一个空间具备多种使用功能，满足不同人群的多元化功能需求。著名建筑理论家柯林·罗在《透明性》一书中提到了建筑空间的现象透明这个概念，这种现象透明是建筑内不同功能或不同物体相互重合、穿插而形成的，同时建筑功能叠加所产生的空间透明性和功能多义性能够为

图 6-6　T5 综合交通中心中庭空间

人们提供更为丰富的空间体验和循序渐进的空间组织。正如柯林·罗在其书中所讲，如果将一幅平面静物的画面［图 6-7（a）］，分层拆解开，可以看到其是由多种不同的物体轮廓前后叠加而形成的［图 6-7（b）］。随着对画面中不同物体的深入观察，人们能够同时感知到不同物体的空间位置，对空间的感受也会发生不同变化，进而在一个完整的空间系统中形成多重空间体验，这也是现象透明性的魅力所在。同理，在航站楼中，针对旅客的不同诉求，同一个空间也可以被定义成多种不同的空间属性，这种方式既能够使空间利用变得高效，也可以使其视觉体验更为丰富多元。基于此，T5 航站楼和 T5 综合交通中心通过系统性融合多种功能空间，使公共空间呈现空间透明性和功能多样化的特征。

多种服务功能的融合。T5 航站楼三层（14.5m）综合值机大厅是整个航站楼的视觉核心，旅客进入航站楼后，从前往后呈现在旅客视野中的是行李打包、航显信息屏、垂直交通中庭、问询服务、旅客值机、国际联检、商业

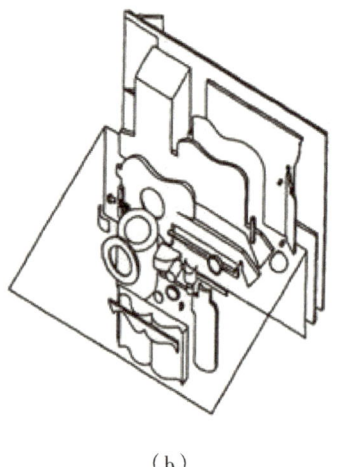

（a） （b）

图6-7 空间叠合

图片来源：柯林·罗《透明性》。

服务、文化展示和绿化景观等多元化功能。在整个大空间中，不同需求的旅客可以从纷繁复杂的功能空间中找到自身所关注的功能空间，进而使旅客产生清晰的空间流线，同时多个功能空间互相叠加也形成一个层次丰富的节点空间图景（图6-8）。

图6-8 T5航站楼综合值机大厅

多种交通方式的融合。T5 航站楼与 T5 综合交通中心采取一体化设计的理念，沿东西向的生态长廊布置了航空、大巴、公交、地铁、铁路等多元化交通功能，同时配合多处垂直交通核，生态长廊与不同交通工具的换乘空间相连，使各个功能空间相互穿插交织、相互渗透，形成一个有趣、多维的空间；在整个空间之中，旅客行走在生态长廊上，每走到一个角度都能同时看到多个不同的功能空间，功能空间的相互渗透呈现出了步移景异、变幻莫测的空间效果，使旅客产生一种独特的空间体验（图 6-9）。

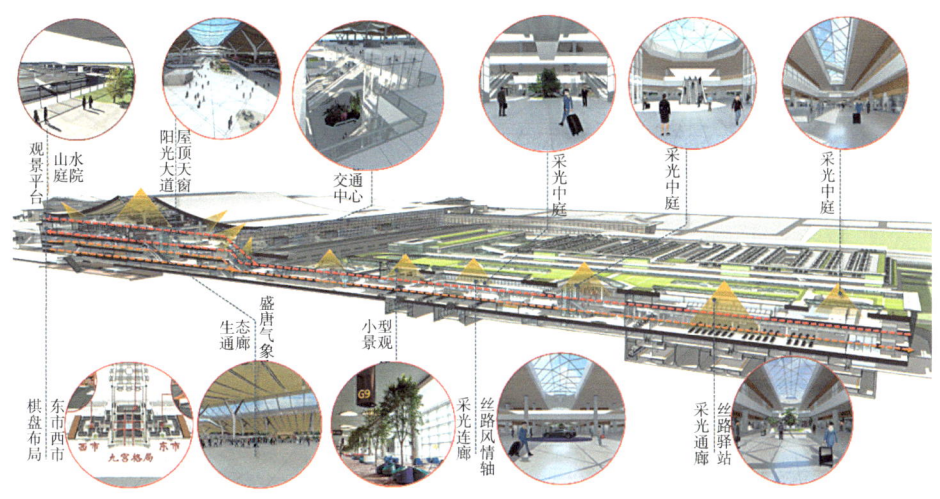

图 6-9　生态长廊复合多元的空间组织

3. 灵活通透的空间边界

灵活通透的空间边界是指 T5 航站楼和 T5 综合交通中心将各类独立的功能空间边界打开，打通不同功能空间的视线与流线联系，在建筑内部空间实现透光、透气的效果，进而提高内部空间的明度和舒适度。在对空间的理解上，中国传统绘画艺术强调通过多个"物景"之间的相互作用来表达空间深度，例如清代画家华琳所著的山水画论著《南宗抉秘》中讲过"相搭而生，则大小相间，前后相掩，有起伏，有隐现，参伍错综，主宾顾盼"，意思是说不应孤立景物之间的边界联系，应通过景物之间的"掩"与"映"以及"推"与"藏"的相互作用形成多重遮挡，实现"起伏隐现""似离实合"的空间气韵。在满足空间功能需求的基本架构下，T5 航站楼和 T5 综合交通中心通过多景叠合、透光透绿等方式，丰富空间边界，创造层次丰富的空间环境。

多景叠合是指在具体空间场景中，叠加多种景观要素，利用场景要素之间的前后相掩，形成层次丰富、通隔相间的空间边界。当代建筑空间逐渐向多元化、复合化和综合化方向发展，这一方向主要体现在建筑功能、空间、交通和形态上，因此集多种功能于一体的建筑空间不再可能以简单的围合方式来设计，而需要强调其"视景空间"①的效果，综合考虑"视景空间"的复合性及其构成关系。T5航站楼和T5综合交通中心通过将多种功能要素叠加，整体呈现出掩映成趣的休憩空间，例如在T5航站楼三层（14.5m）国际商业免税区，在不影响通行的情况下，将景观空间设置在通廊一侧，相互错动形成"半遮半掩"的视线关系，同时景观要素、商业区玻璃围栏、航站楼玻璃幕墙三重边界相互叠加，丰富了空间的边界层次，形成多景叠合、层次丰富的免税商业空间（图6-10）。

透光透绿是指在空间边界设置中，建筑的围护结构使用透明材料，将外

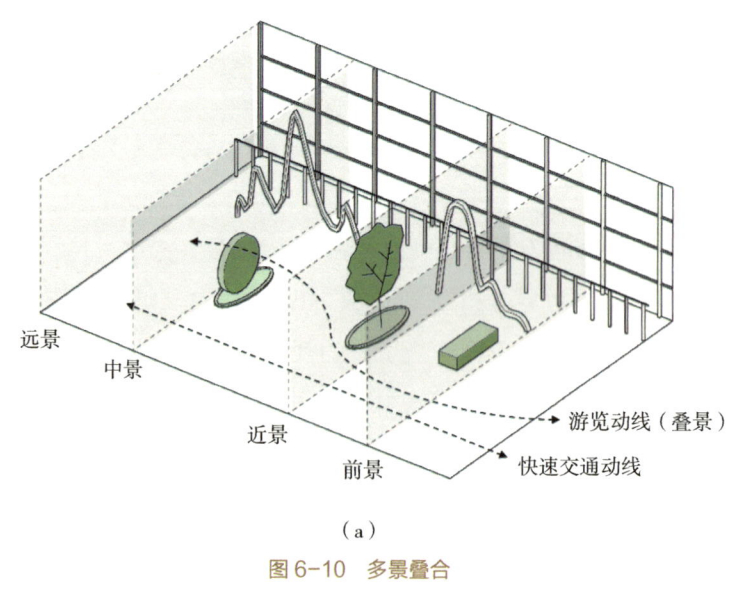

（a）

图6-10　多景叠合

（a）流线方向景观要素叠加

---

① 所谓"视景空间"是指人的视觉所感受到的景致。

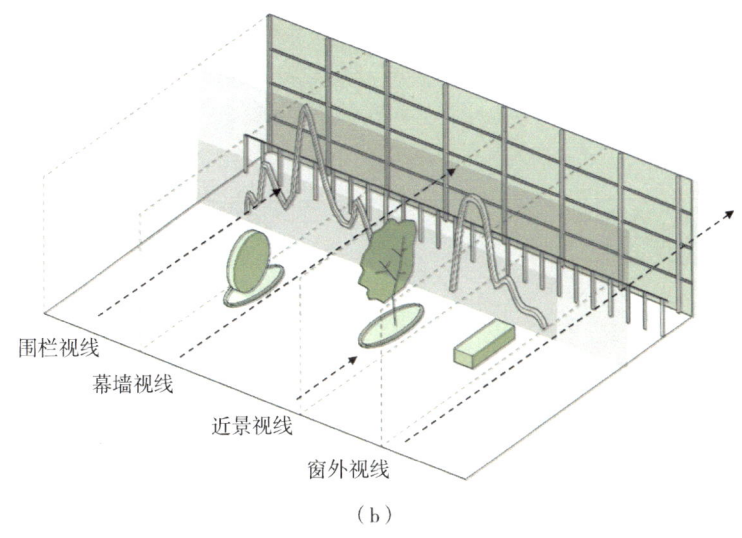

围栏视线
幕墙视线
近景视线
窗外视线

（b）

（c）

图6-10　多景叠合（续）

（b）空间边界中的多要素叠加；（c）国际免税区效果图

部的自然光线及绿植景观引入室内，使室内空间最大限度共享外部自然环境，
丰富内部空间观感，避免单调的空间围合给旅客带来紧张、焦虑感。T5航站
楼的建筑围护结构主要采用玻璃幕墙，从而将外部光线引入航站楼南、北两
侧的边庭，同时通过玻璃幕墙也将贵宾厅的外部庭院景观引入室内，将视线
突破空间界限延伸至外部，对旅客产生积极的空间引导，进而舒缓旅客情绪
（图6-11）。

图6-11　北贵宾庭院室内景观视野

6.1.2　开放融合的空间节点

一般来讲，大型枢纽机场的航站楼内部交通空间通常以长距离的带状空间为主，而旅客长时间在这种带状空间行走，往往会产生焦虑、疲惫的感受，因此为提升旅客的空间辨识度，在 T5 航站楼和 T5 综合交通中心设置了多处中庭空间，打破单一的通行节奏，增加空间层次感，从而在不影响旅客正常通行的情况下，使航站楼内的通行空间有收有放、有急有缓，真正做到"亦游亦走"的人性化通行。

整个中庭空间最主要的特点是多线合一，即旅客流线、视线与空间光线的三线合一，中庭连接了多种交通流线、不同楼层的旅客视线及顶部天窗带来的自然光线，这些节点空间既是旅客流线发散和转换的起点，也是不同空间的汇聚，明亮的中庭节点不仅能够有效组织旅客通往不同区域，为旅客提供明确的空间指引，而且能够将旅客的视线汇聚，形成视线焦点。例如 T5 综合交通中心中庭，通过建筑的通高空间将不同楼层连通，同时结合围合布局、自然采光、绿植景观等形成向心性的视线汇聚，让旅客体会不同空间尺度的变化，收放有序，缓解其长途旅行产生的疲惫感。除此之外，通过自动扶梯与垂直电梯将不同楼层的旅客流线连接，为旅客换乘提供了高效的转换空间（图 6-12）。

图 6-12　旅客换乘中心中庭

6.1.3　舒适宜人的空间尺度

当观察一个建筑的时候，空间尺度感无疑是人们对这个建筑最基本和最重要的印象，空间尺度也是建筑空间美的元素之一。古希腊哲学家圣奥古斯丁在其著作《论美与适合》中强调了物体的美依赖于"各部分的适当比例"，并强调整体和谐与统一；中国古代建筑理论家李诫在其《营造法式》中对古代建筑美的"方五斜七"理论也进行了详细的比例论述。因此，在建筑设计中对空间尺度的把握一直是建筑师的关注点之一。建筑的空间尺度包括空间大小、比例及人们对空间的主观感受等。空间尺度直接影响着人们对建筑空间的使用及整体空间的舒适度，不同的空间尺度会创造出完全不同的空间体验，空间较大时旅客感受较为震撼、空旷、疏远；当空间较小时旅客感受较为舒适、亲切或压抑。同时，当空间宽高比为 1~2 时会有较好的空间通过性，当空间宽高比为 2~3 时会营造出较为舒适的观察视角，空间宽高比大于3 时有利于旅客在大空间找寻信息，会有较好的展示效果。在 T5 航站楼及T5 综合交通中心设计中，本项目充分考虑空间尺度对于空间设计的重要性，本节基于空间尺度对旅客产生的视觉及心理影响，重点阐述 T5 航站楼三层（14.5m）、二层（7.5m）及其他主要功能流程空间的尺度关系。

1. 空间尺度的多样性设计

T5 航站楼内存在着不同类型的功能空间，例如公共空间、办公空间及流程空间等，其中公共空间是指旅客能够到达的区域，主要包括值机大厅、安检区、商业区、候机大厅及到达指廊、行李提取大厅、迎客大厅等。由于不同空间功能的特征差异，旅客在空间内的需求也不尽相同（表 6-1）。因此，本项目采用多样性的尺度设计，针对不同功能空间，采用不同的空间尺度和空间比例，以满足旅客的多样化需求，提升旅客体验。

功能空间的多样性需求分析　　　　　　　表 6-1

功能需求	值机大厅	安检区	候机厅	到达廊	行李大厅	迎客大厅	商业区
特别体验	○					○	
找寻方向	○		○		○	○	
亲切宜人			○	○			○
快速通过		○		○			

T5 航站楼三层（14.5m）车道边空间。该空间兼顾旅客接驳、入口形象展示和屋盖遮阳遮雨三重功能，因此采用了进深为 31.5m 的出檐（图 6-13）。

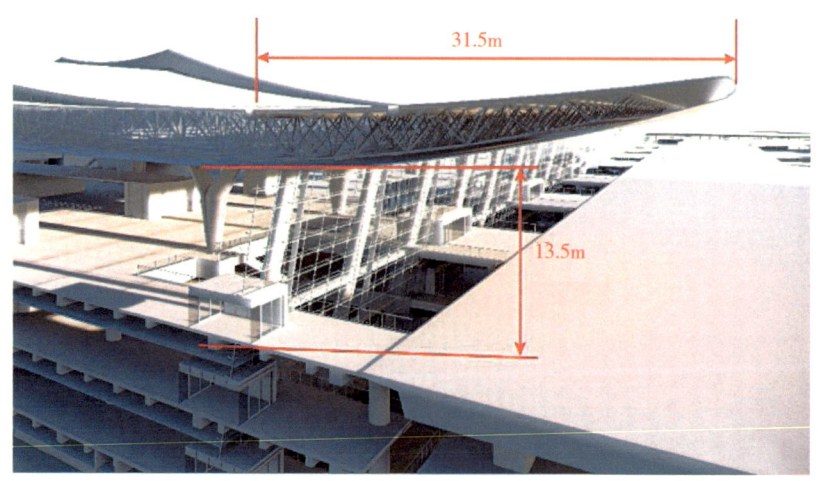

图 6-13　T5 航站楼东立面出檐尺寸

出檐是古建筑中一种重要的设计元素，它不仅具有实用功能，还承载着丰富的文化内涵和审美价值，具体是指屋盖伸出梁架之外的部分；T5 航站楼三层（14.5m）车道边空间采用出檐设计，不仅保证了入口净高能够达到 13.5m，同时也为旅客提供了遮雨、遮阳的接驳空间，形成良好的礼仪形象感，同时也形成灵活、轻盈的屋盖边界形态。

T5 航站楼三层（14.5m）综合值机大厅。该空间是国内、国际出发旅客的办票值机区域，主要满足旅客值机及行李交运；与此同时，综合值机大厅也是航站楼的"客厅"，具有非常强的展示意义，因此该区域需要较大的空间尺度，以满足旅客找寻方向和提升空间体验的需求。综合值机大厅整体宽 500m、进深 144m，最高点高程 33m，宽高比大于 3，整体呈现视线宽广、简洁明亮的特点，减轻了旅客刚进入航站楼内的紧张情绪，同时也为旅客创造出较为舒适的观察视角。除此之外，本项目不断优化值机大厅的建筑柱距，采用了 Y 形柱，主要柱网尺寸为 54m，增强空间的公共性，同时也提升了空间的通透性（图 6-14）。

图 6-14　T5 航站楼综合值机大厅 Y 形柱

T5航站楼二层（7.5m）值机大厅。该空间为国内无行李旅客及"两舱"旅客出发层。该部分旅客需求单一，更多关注流程的便捷性，对快速通过有较高需求。因此，在空间设计中采用直线形通道设计，通道宽度设计为12~18m，宽高比为2~3，具有较好的观察视角，旅客进入航站楼后根据标识引导可快速到达安检区，提升了通行效率。另外，本项目还不断优化该区域的室内净高，将梁柱关系结构及面层厚度控制在1.5m，将吊顶厚度控制在0.8m，保证了该区域绝大部分净高达4.7m，最大限度保留了足够的内部空间高度（图6-15、图6-16）。同时，利用局部通高空间，建立上下两层空间的视线联系，增加室内空间高度与视线的通透性，使旅客在长距离行走时减少单层空间形成的压抑感。

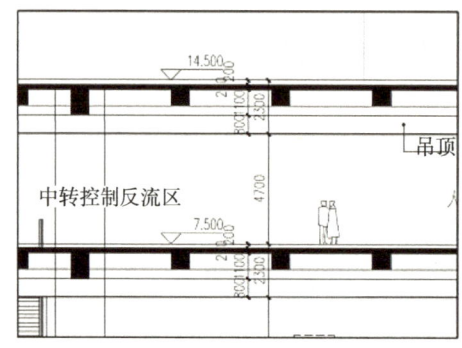

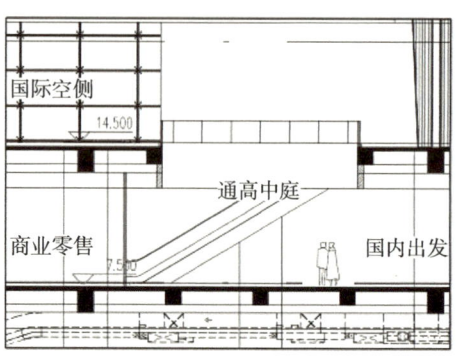

图6-15　T5航站楼二层（7.5m）空间净高控制　图6-16　T5航站楼二层（7.5m）空间通高控制

T5航站楼国际到达夹层（4.2m、2.2m）。该区域内旅客的指向性非常明确，即快速到达行李提取厅。因此，采用直线形通道设计，同时也通过拉长空间进深，创造出较大的空间长宽比，使其呈现线性引导的空间特征，为旅客提供明确的方向性。除此之外，由于该区域层高较低，在到达夹层上方采用错台形成挑空空间，实现候机空间视线上的连通，丰富了内部空间效果（图6-17）。

2. 空间尺度的协调设计

旅客对空间尺度的感受不单单受到空间实际比例的影响，空间氛围对旅客的视觉和心理感受也有重要影响。作为大型公共交通建筑，由于航站楼内

图 6-17　T5 航站楼国际到达夹层空间效果图

部空间尺度远大于旅客自身尺度和日常生活尺度，旅客置身其中很容易感到空间的空旷疏远，缺乏亲切感和方向感。同时，值机大厅、行李提取厅等区域人流量密集，旅客排队等候空间需求大，而该区域设施设备多，通道宽度有限，很容易产生拥堵。因此，本项目通过软装设计强化空间导向，不断优化通道宽度，减少人群拥堵。

强化空间导向。T5 航站楼在空间设计中，通过天窗、灯带等强化空间的导向性，减少了高大空间对旅客辨识方向的影响，提高旅客的出行感受。例如 T5 航站楼三层（14.5m）指廊候机区，利用中置光带，强化了对空间方向的引导，同时吊顶采用了条形蜂窝板，排列造型与中置光带形成方向对比，也建立了空间序列感，构筑个性和功能兼具的室内空间（图 6-18）。

优化通道宽度。为减少航站楼内的旅客拥堵，结合 T5 航站楼的整体空间尺度，对旅客值机区、安全检查区、国际联检区、行李提取区等旅客的各类排队等候空间的通道进行优化，并进行了仿真模拟，明确了值机岛前、岛后的通道宽度应不小于 20m，值机岛间的通道宽度应不小于 23m，较大的通道宽度能够保证在运行高峰期给旅客带来舒适的空间体验。

图6-18　T5航站楼三层（14.5m）指廊候机区

6.2　建筑环境体验

建筑与人的和谐共生是人居建设的目标，舒适的建筑物理环境能够提升使用者的满意度和工作效率。近年来，室内环境的舒适性研究越来越受到重视，尤其是航站楼这种大空间公共交通建筑，其内部空间复杂、往来人员密集、材料结构多样、设备功能聚集，对营造高品质的室内空间环境提出了挑战。本项目聚焦建筑环境对人的感受，从室内光环境、声环境、空气环境及色彩环境等方面对室内环境系统进行优化，力争为旅客营造一个光线明亮、安静舒适、温度适宜及色彩丰富的人性化公共空间。

6.2.1　光环境

光环境设计是现代建筑设计的有机组成部分。随着人们对生活品质的追求越来越高，光环境设计在现代建筑中扮演越来越重要的角色，科学合理的光环境不仅可以为使用者提供良好的照明效果，提高使用者的视觉舒适度，还能对使用者的心理产生积极影响。

良好的光环境首先要有明视性，要提供充足、均匀的照度和光线，满足视觉观看的需求；其次要有舒适性，要避免产生眩光及闪烁等刺激性、干扰性光源，让使用者能够自然地将注意力集中到所要看的信息上；再次要有艺术性，通过光环境传达特定的人文意境。从光的来源属性来看，建筑光环境的质量是自然采光与人工照明共同作用的结果。本项目通过精细化设计，针对不同区域的功能要求，运用计算机模拟技术，对自然采光和人工照明的照度、亮度、光色、眩光分布等进行优化，实现了自然采光与精准的灯光控制。

1. 自然采光

自然光源是日常生活中非常重要的光源之一，对建筑空间的造型艺术、室内光环境和人的身心健康都有不可或缺的促进作用。T5航站楼对自然光源的利用主要包括两种途径：一是侧向采光，通过建筑的侧窗、玻璃幕墙将阳光引入，从而获得良好的视线效果；二是顶部采光，主要通过天窗，将光线自上而下引入，有利于获得较为充足和均匀的光线。

（1）侧向采光

作为超大型的公共交通建筑，大型机场航站楼面宽大、进深大、层数多、流线复杂，因此大面积的玻璃幕墙也成为现代航站楼的基本建筑语汇，赋予了航站楼现代感和时尚感并重的建筑形象，同时也扩大了建筑内部的视野，提升了航站楼内的空间明度。T5航站楼的外围护结构采用了大量的超白玻璃幕墙，基片阳光透过率可达到92%，最大化保证室内人员的采光需求（图6-19）。

（2）顶部采光

T5航站楼主楼进深达到252m，这种超大进深的公共交通建筑如果仅仅依靠侧向采光，会存在光线照射区域有限、空间照度极不均匀、沿进深方向明亮度变化明显等问题。针对这一问题，T5航站楼将屋面天窗设计与"长安盛殿"的形式塑造相结合，主楼设计为三重屋面，层层抬高的屋面形成自然过渡的高侧窗，配合条形天窗形成一条南北方向长600m、空间层次丰富的阳光大道。6条指廊中部设计贯穿的条形天窗，端部屋面抬升，形成高侧窗和端部天窗。利用彩釉玻璃形成丰富的视觉与光线效果。通过上述设计，T5航站楼整体天窗面积2.2万m²，天窗比0.02，通过顶侧结合的开窗方式，解决

图 6-19　T5 航站楼超白玻璃幕墙

图 6-20　T5 航站楼顶侧结合的开窗方式

了内部空间的采光问题，营造了丰富的光环境（图 6-20）。

　　除此之外，T5 航站楼作为一种功能性强的大型公共交通建筑，由于其功能流程和空侧安全防范的特殊要求，航站楼空侧和陆侧、国内流程和国际流程等不同功能空间往往需要严格的物理隔离，因此其不同楼层的空间联系往往比较弱。同时，T5 航站楼主楼地上 3 层、地下 3 层，较低的楼层形成大量的地下空间或狭小空间。因此，在满足机场安全防范要求的基础上，为有效改善地下空间采光，T5 航站楼还设置了大量的采光中庭，将自然光通过通高空间引入楼层内部，使航站楼地下空间平均采光系数不小于 0.5% 的面积比例达到了 24.1%，有效改善了地下空间采光环境。例如 T5 航站楼地下一层（-6.5m）的出租车上客点，通过垂直通高中庭空间将外部光线引入，打破大进深与多层楼板对自然采光的限制，打造阳光停车场，为排队旅客和出租车司机提供了一个相对温暖、舒适的候车空间，缓解其长时间等候所带来的焦虑和压抑（图 6-21）。

　　（3）采光与遮阳计算模拟

　　西安咸阳国际机场地处陕西关中盆地，光照充足，降水偏少，年均日照时数 2035.6h，属我国Ⅳ类光气候区，因此在 T5 航站楼光环境设计中，结合航站楼的建筑构型，采用了幕墙采光、天窗采光及中庭采光等方式，确保航站楼最大化地利用自然光源。

图6-21 T5航站楼舒适的出租车候车空间

设计阶段，采用CIE全阴天计算模型，选择各标准层地面处的平面作为自然采光分析面，玻璃可见光透过率设定为0.51，室外设计照度值为13500lx。

为避免阳光直射室内，防止产生眩光，利用ECOTECT软件对主楼挑檐的自遮阳效果进行建模分析。通过模拟可见（表6-2），主楼自身屋檐的遮阳效果较好，形体自遮阳系数均在0.40以下。

有无挑檐遮阳效果   表6-2

朝向	有挑檐太阳辐射得热平均值（Wh）	无挑檐太阳辐射得热平均值（Wh）	形体自遮阳系数
北立面	627.14	1967.22	0.32
南立面	986.05	2668.23	0.37
西立面	818.74	2318.68	0.35
东立面	390.50	1880.94	0.21

2. 人工照明

航站楼不同于普通民用建筑，人工照明对于提升机场形象和用户友好指数有重要的意义。因此，如何打造安全、舒适的灯光氛围，为旅客、工作人员提供一个高质量的照明环境是本项目照明设计的重点之一。照明设计中遵循以人为本的原则，从用户的生理、心理需求出发，不仅关注到建筑空间光环境的明暗，更加注重照明方式、灯光照度、亮度眩光等各类指标，最终营造一个舒适、愉悦、轻松的光环境。

采取直接照明为主，间接照明为辅的混合照明方式。T5航站楼主楼综合值机大厅屋脊高度约47.50m，局部夹层公共区标高为20.50m，大厅标高为14.5m，顶棚由中央最高处向四周呈逐级跌落形状，内部构成典型的高大异形空间。针对主楼高大空间特点，T5航站楼采取直接照明为主、间接照明为辅的混合照明方式。直接照明用于创造明亮、均匀的整体照明效果；间接照明用于创造空间漫射光环境，整体照明方式兼具直接照明节能性好、光电转换效能高及间接照明发光面隐蔽等优点，同时也在主楼大空间内形成漫射立体光环境，有效提高了照明均匀度，减少阴影浓度。除此之外，T5航站楼对直接照明及间接照明灯具的出光面及出光角度均进行了适度调整，使其尽可能避免直接照射显示屏，以免高亮度光束直接照射形成反射眩光，对旅客信息辨识造成困扰。另外，直接照明灯具与间接照明灯具采用了DALI调光技术，基于灯具所在的空间位置对灯具进行编组调光控制，构建了多层次、立体化的空间照明观感，提升空间的整体性（图6-22）。

图6-22 T5航站楼20.5m标高层照明效果实拍

基于主楼不同区域空间特点采用差异化的灯具选型。在主楼照明设计中，针对不同空间特点，采用不同的灯具型号及参数。例如针对 T5 航站楼综合值机大厅的高大空间，照明灯具选用了光线投射能力强且瓦数及功率适宜的天窗筒灯灯组（图 6-23），即 LED 明装筒灯，150W/15000lm、4000K、*Ra*>80、*R*9>0。主楼中区、低区空间高度相对较低，采用功率及瓦数相对较小的筒灯灯组，创造柔和、适宜的中低区照明，即将中区灯具的功率调整为 120W，低区 LED 明装筒灯功率调整为 100W（图 6-24~图 6-26）。

基于不同功能需求采用重点照明设计。针对航站楼值机柜台区，为满足工作人员需求，该区域重点照明采用高显指 LED 线性灯具，灯具装设于信息显示屏下方，工作台面上方，既能满足工作台面照度要求，又能消除显示器

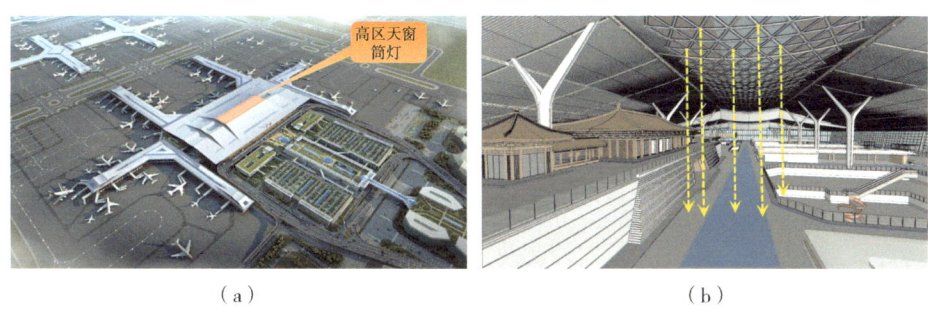

（a）   （b）

图 6-23   高区天窗筒灯

（a）T5 航站楼综合值机大厅高区天窗筒灯位置；（b）高区天窗筒灯室内照明

图 6-24   T5 航站楼综合值机大厅中区顶棚筒灯位置

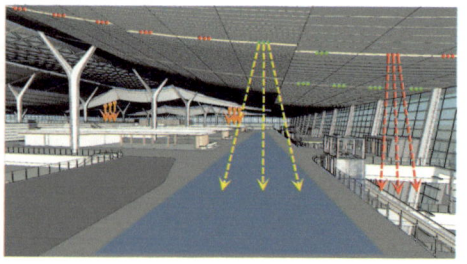

图 6-25　T5 航站楼综合值机大厅低区　　　图 6-26　T5 航站楼综合值机大厅低区顶棚
　　　　　顶棚筒灯位置　　　　　　　　　　　　　　筒灯照明范围

上的反射眩光，方便工作人员高效观察显示屏。T5 航站楼安检通道区域采用宽光束角防眩光 LED 筒灯，均匀布置于安检场所正上方，保证安检区域照度均匀，阴影浓度低，提升安检工作效率。针对航站楼檐下照明，该区域照明设计的难点在于航站楼大屋檐高度较高且呈现一定弧度，普通灯具无法为屋檐下车道边提供充足、均匀的照度，因此选用定制的线条灯，灯具装设 PMMA 透镜（40 度），使灯具发出的光线可照射至地面；同时为降低大屋檐下线条灯的眩光，在灯具布置时选择交错布置，使整个屋檐下灯具点位尽可能均匀扩散。除此之外，T5 航站楼为线条灯配置了专用反射器，反射器内部采用高分子材料，实现高反射效果，另外搭配 3mm 厚超白布纹钢化玻璃，使得灯具出光面更加均匀，有效控制眩光。

6.2.2　声环境

声环境是建筑环境中的重要组成部分，主要研究的是建筑空间内的声音品质和噪声控制，进而为使用者创造一个舒适、安静、清晰和适宜的听觉环境。航站楼由于空间大、人流密集且流动性强，装饰材料主要以石材、玻璃、瓷砖等硬质材料为主，吸声效果差，声学设计一直是航站楼声环境设计的一个难题。T5 航站楼通过科学的吸声和隔声措施，为旅客提供一个舒适的室内声环境。

1. 科学吸声

室内声环境指标的确定。吸声降噪是利用吸声材料或悬挂的空间吸声体吸收声能以降低噪声，是建筑环境噪声控制的一项重要措施。T5 航站楼将混响时间作为一项重要的声学设计指标，房间的混响时间是由它的吸声量和体积决定的，体积大且吸声量小的房间，混响时间长；吸声强且体积小的房间，混响时间短。一般来讲，混响时间过短，房间声音清晰度高，但声音干涩沉寂；混响时间过长，语音清晰度和可辨度影响较大，声音混淆不清。《绿色机场评价导则》MH/T 5069—2023对室内声环境进行了限制，明确航站楼值机厅、候机厅、到达厅空场混响时间小于等于5s。同时通过对国内大型枢纽机场航站楼典型空间的混响时间进行研究，本项目明确T5航站楼等室内适宜的平均混响时间小于等于5s。并以此开展仿真模拟。

声学仿真模拟。在精装方案设计中，T5航站楼将扬声器作为主要声源，参照B类空间（背景噪声嘈杂或需要较高言语清晰度的场所）广播系统声学特性指标，建立了T5航站楼三层（14.5m）综合值机大厅等主要空间的声学仿真模拟的模型，并以较为适宜的混响时间对T5航站楼不同区域的精装方案提出优化建议（图6-27）。

例如T5航站楼三层（14.5m）综合值机大厅空间声学模拟结果中，若空间不进行顶部声学处理，整体环境声场500Hz混响时间为9.5s、1000Hz混响时间为10s，不符合绿色航站楼标准要求。而吊顶吸声材料的选择与构造处理对

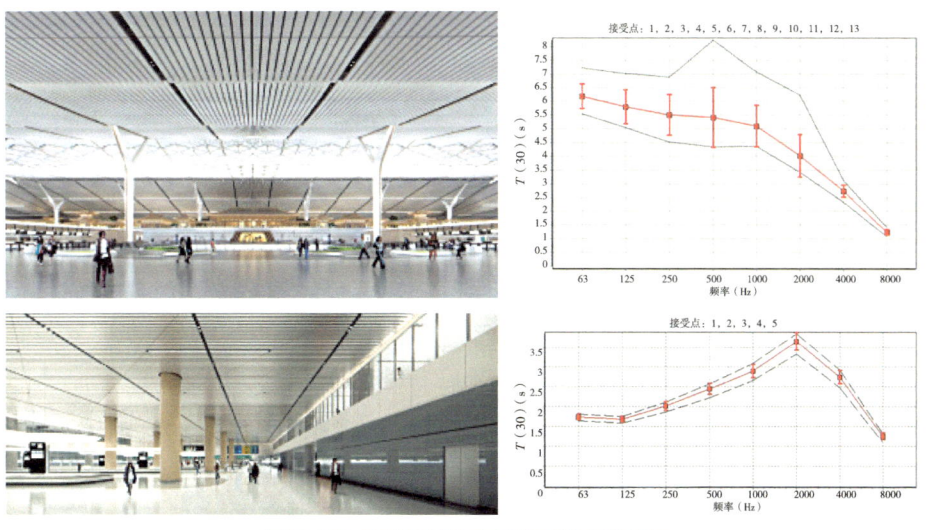

图6-27　T5航站楼不同空间声学模拟结果

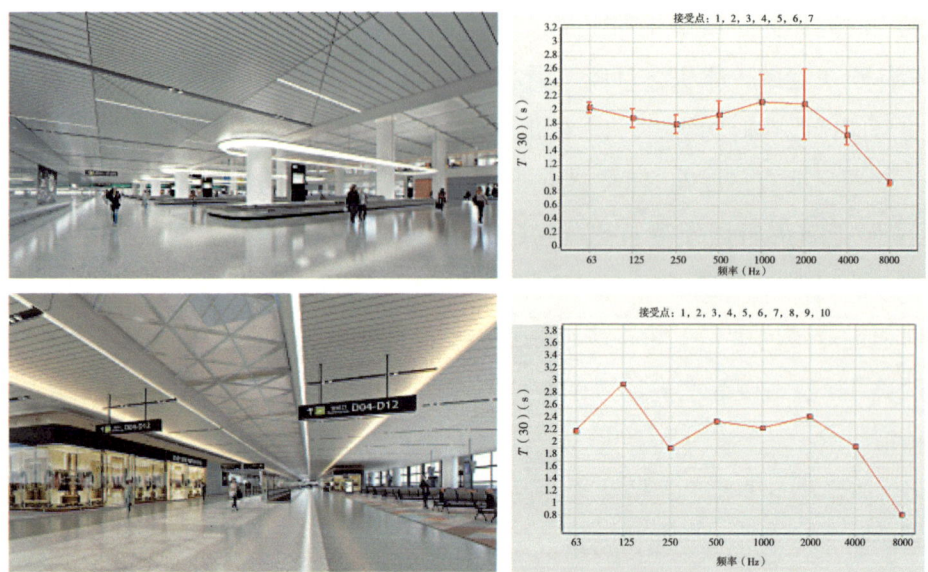

图 6-27　T5 航站楼不同空间声学模拟结果（续）

声场环境的改善起到非常重要的作用，因此为降低混响时间，改善综合值机大厅的广播清晰度，本项目对综合值机大厅 12 万 m² 的顶棚进行吸声处理，降低空间内的不良反射声。另外，吊顶的不同穿孔率对室内空间的混响时间也有影响，通过不同穿孔率吊顶铝条板对比可以看到，当穿孔率为 6% 时，综合值机大厅各接受点的混响时间平均值为 5~5.5s；当穿孔率为 18% 时，各接受点的混响时间平均值为 2.5~3.5s，最终选择 18% 的穿孔率，出发大厅各接受点的混响时间平均值控制在 2.5~3.5s，提供了良好的广播语言清晰度（图 6-28）。

　　除此之外，本项目还对 T5 航站楼二层（7.5m）、行李提取厅、空侧候机指廊和旅客换乘中心等区域的吊顶装饰面层均进行吸声处理，降低了混响时间。例如 T5 航站楼二层（7.5m）吊顶铝条板的缝隙为 20mm、穿孔率为 6%，声学仿真计算混响时间（中频 500~1000Hz）平均为 1.8~2.2s；行李提取大厅采用穿孔铝合金条板和穿孔铝蜂窝板，拼接缝隙均为 20mm、面板穿孔率为 6%，声学仿真计算混响时间（中频 500~1000Hz）平均为 1.8~2.5s、指廊候机区采用穿孔铝合金条板和穿孔铝蜂窝板，拼接缝隙均为 20mm、面板穿孔率为 6%，指廊候机区全段混响时间（中频 500~1000Hz）为 2.0~3.0s。为了给候机旅客提供更好的环境品质，还在候机区设置了地毯，地毯作为一种

（a）

（b）

图6-28　T5航站楼吸声材料示意

（a）值机大厅；（b）行李提取大厅

软质装饰材料，声音会在地毯的纤维之间来回反射、散射，从而达到吸收声音的目的，起到一定的隔声降噪效果。

2.隔声降噪

一直以来，噪声问题都是影响航站楼室内环境体验的重要因素。而对旅客来讲，除了航站楼广播及人沟通谈话产生的声音外，航空器起降、机动车行驶及机电设备运行等也是不容忽视的噪声来源。因此，在 T5 航站楼、旅客过夜用房等建筑内部声环境优化中，充分考虑了建筑物及周围环境的噪声源，通过隔声降噪措施给旅客营造了一个安静的候机空间。

（1）机电设备的降噪隔振

为了保证正常的生产运营，航站楼、旅客过夜用房等公共建筑往往会放置大量的机电设备，例如行李传送设备、电扶梯、空调机组、发电机组及各类风机等，而这些机电设备在运行过程中，由于旋转的惯性力等，会引起设备部件产生强迫振动，通过设备底座、管道与建筑物的连接部分产生振动和噪声，并以固体声和空气声波的形式向周围空间辐射噪声，给旅客及工作人员带来影响。T5 航站楼通过设置隔声墙体、采用减振设备及消声设备等，降低设备运行产生的噪声影响。除此之外，对于旅客过夜用房，房间的隔声降噪尤为重要，为减少机房、餐厅、会议室等噪声影响，结合酒店声学标准，制定了旅客过夜用房的隔声目标（表6-3），并对墙体、吊顶、门、地面等进行专项设计，例如旅客过夜用房地下二层布置了柴油发电机房、水泵房等诸多噪声较高的设备机房，而机房正上方为客房、会议室、餐厅等敏感空间，因此该区域采用浮筑地面及隔声吊顶。所谓浮筑地面是在楼板基层与面层之间设弹性垫层，并在楼板与墙交接处采取隔离措施，避免刚性连接，消除振动传递，增强隔声效果。

旅客过夜用房的隔声目标　　　　　　表6-3

区域	墙面	顶面及地面	门
北旅客过夜楼地下二层			
排风机房	STC 55（有吸声）	吸声吊顶	STC35~40
平时进风机房	STC 55（有吸声）	吸声吊顶	STC35~40
空调机房	STC 55（有吸声）	吸声吊顶	STC35~40
送风机房	STC 55（有吸声）	吸声吊顶	STC35~40
员工餐厅	STC 55（无吸声）	N/A	STC35
柴油发电机房	STC 55（有吸声）	吸声吊顶	STC35~40
变电所	STC 55（无吸声）	N/A	STC35~40
排烟机房	STC 55（无吸声）	N/A	STC35~40

区域	墙面	顶面及地面	门
换热间	STC 55（有吸声）	吸声吊顶	STC35~40
制冷机房	STC 55（有吸声）	吸声吊顶	STC35~40
北旅客过夜楼设备夹层			
送风	STC 55（有吸声）	吸声吊顶	STC35~40
排烟机房	STC 55（无吸声）	N/A	STC35~40
北旅客过夜楼地下一层			
消防控制室	STC 55（无吸声）	N/A	STC35~40
员工备餐间	STC 55（无吸声） 备餐间服务梯紧邻客房一侧隔墙	N/A	STC35~40

（2）外部噪声控制

除机电设备产生的噪声外，航空器的滑行、起降也会产生很大的噪声，因此建筑围护结构的隔声性能成为控制外部噪声最重要的因素。幕墙的隔声性能是指通过空气传到幕墙外表面的噪声经过幕墙反射、吸收和其他能量转化后的减少量，称为幕墙的有效隔传声量。为减少航空器运行产生的噪声影响，旅客过夜用房对玻璃幕墙、实体墙及结构柱等均增加隔声设计，其中幕墙隔声十分重要，因为它与室外相通，是隔声的薄弱环节，幕墙隔声主要取决于玻璃的厚度和窗扇、窗框的密封程度。通过对旅客过夜用房周边交通噪声数据的采集及周边环境勘察，结合室内背景噪声标准，本项目提出玻璃幕墙的隔声量须达到 35dB 以上，其玻璃幕墙采用 10mm 玻璃 +12mm 空腔 +8mm 玻璃 +1.52PVB+8mm 玻璃；同时考虑到幕墙铝框与楼板、墙体均存在空腔，为保证客房之间声音不相互干扰，对旅客过夜用房幕墙与客房分户墙、地板的空腔进行封堵。

6.2.3　空气环境

作为我国西北地区最大的航空枢纽，T5 航站楼未来每天将有约 20 万人进出这里，空气环境作为所有人使用航站楼建筑的基础条件，其温度、湿度及空气质量对旅客的身体健康及感官体验有着较大影响。因此空气环境的质量控制，为使用者提供了无形保护，虽然看不见，却充分体现人文关怀。T5航站楼设计中十分重视空气环境控制，采取了由室外到室内、由空间到材料、由气流到温度的全方位空气质量优化与污染处理措施，同时也对室内气流组织及室内热环境进行模拟，以达到最佳舒适标准。

1. 通风换气

通风换气是防止室内空气污染、改善室内空气品质的重要措施之一，主要有机械通风、自然通风和混合通风三种类型，其中机械通风是一种主动式通风，通过送风系统、排风系统、新风系统进行通风换气，这种方式能够控制通风量、气流方向、气流速度等参数，提高室内空气品质；自然通风是一种被动式通风方式，是通过侧窗、天窗等引入自然风，提升室内空气品质，由于航站楼有特殊的空防安全要求，因此大面积采用自然通风存在一定的限制条件；而混合通风是兼顾自然通风与机械通风的一种通风模式。

T5航站楼内部功能空间种类较多、空间尺度大、人员密度较高，同时兼顾空防安全需要，因而采取混合通风方式，实现全季节、全天候的室内通风换气。例如T5航站楼公共空间采用全空气及新风机组，通过"板式粗效过滤器G4+袋式中效过滤器F8+静电过滤器（或袋电一体式）"三级过滤，最大化保证室内空气品质；针对人员密集区，T5航站楼也在风机盘管回风口设置了空气净化装置，从而可以有效降低室内新风中$PM_{2.5}$质量浓度，并将可吸入颗粒物的过滤效率提升至不低于90%。同时，T5航站楼还设置了空气质量监控系统，实时对室内二氧化碳质量浓度、室内污染物质量浓度进行数据采集、分析，实现超标实时报警，并与通风系统联动。

2. 气态污染防控

一般来讲，航站楼陆侧空调系统的新风主要从陆侧室外引入，而陆侧室外的空气污染源主要为颗粒物；航站楼空侧空调系统的新风主要从空侧室外引入，空侧室外空气污染源主要为颗粒物、飞机发动机废气和机动车尾气等，其中飞机发动机废气和机动车尾气的主要污染物为一氧化碳、氮氧化物、烃类和醛类化合物等气态污染物。因此，针对航站楼空侧空调系统过滤器，除需要去除颗粒物外，还需要重点考虑阻隔气态污染物。T5航站楼的空调系统过滤器采用化学吸附过滤器和活性炭过滤器，其中化学吸附过滤器通过吸附剂与废气中的有害物质产生化学反应，将有害物质吸附在吸附剂上，不会产生二次污染，吸附效率高，达到饱和时间远大于普通活性炭过滤器，主要适用于空侧空调系统；活性炭过滤器通过活性炭的多孔结构去除空气中的杂质和污染物，适用于大分子物质，用于陆侧空调系统。

3. 功能空间废气处理

厨房油烟和卫生间气味是航站楼最主要的废气来源，其中厨房油烟包含大量油脂颗粒和多种挥发性有机物，需要经过净化及除味两级处理后排至室外，而油脂颗粒具有黏性，会堵塞滤料，因此 T5 航站楼部分空调系统还采用静电过滤器。静电过滤器是利用高压静电场使微粒荷电，然后被集尘板捕集，当油烟废气通过高压电场时，因碰撞俘获气体离子而导致荷电，受电场力作用向正极集尘板运动，从而达到分离效果，因此静电过滤器有处理烟气量大，可以处理高温烟气，对烟气质量浓度及粒径分散度的适应性较好等特点。同时，针对多种挥发性有机物，T5 航站楼也采用紫外线（UV）灯分解，UV灯是使用 UVA 波段的紫外线，激发光催化剂（如二氧化钛）产生催化作用，进而去除高挥发性有机物，同时 UV 灯与活性炭过滤器相比，其运行成本较低。

针对卫生间气味，通过卫生间排风过滤器需去除臭味后再排入室外，因此可采用活性炭过滤器或光催化过滤器。与活性炭过滤器相比，光催化过滤器风速高、占用空间小、阻力小，而航站楼卫生间排风机及排风过滤器均设在卫生间吊顶内，安装空间比较有限，因此 T5 航站楼采用光催化过滤器，排风机静压低，系统噪声小。

4. 室内装修材料

室内装修材料散发的甲醛和烃类化合物是室内空气污染的主要来源之一，对人的身体健康会产生重要影响；而绿色建材是指采用清洁生产技术、少用天然资源和能源、大量使用工业或城市固态废物生产的无毒害、无污染、无放射性、有利于环境保护和人体健康的建筑材料，其基本特征之一是在产品配制或生产过程中，不使用甲醛、卤化物溶剂或芳香族碳氢化合物等。在T5 航站楼室内装修中，采用了大量无毒无害的绿色建材，例如内墙装饰面

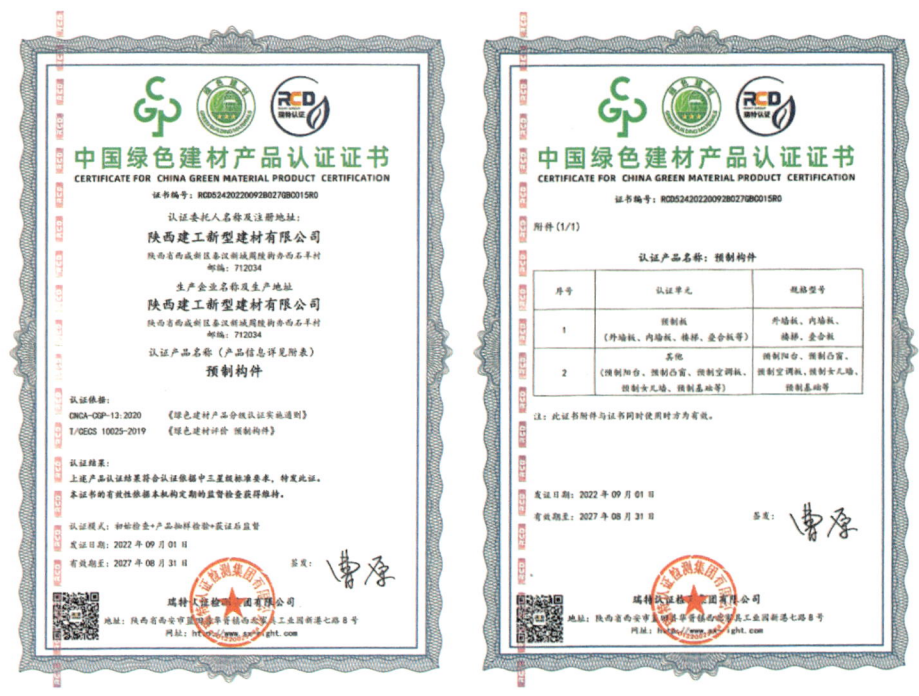

图 6-29　T5 航站楼绿色建材认证

层涂料、面砖及壁纸、室内顶棚装饰面层涂料及吊顶、室内地面装饰面层、木地板、面砖、门窗、玻璃等（图 6-29），从源头上保证室内环境的安全、健康。T5 航站楼绿色建材应用比例达到 30% 以上。

5. 室内气流组织

T5 航站楼建筑空间高大，气流存在明显分层，特别是垂直方向梯度大，且室内空间相互连通，对外出口多，空调季或过渡季会出现相互串风问题，室内气流组织呈现一定复杂性，如何引导与实施合理的气流组织成为本项目的关键。气流组织的核心是合理布置空调系统的送风口和回风口，合理组织气流流向和均匀度，使室内空气的温度、湿度、流速等能更好地符合人体的舒适性要求。

在暖通空调设计中，T5 航站楼将室内气流组织的调控重点放在航站楼下部旅客使用空间，航站楼三层（14.5m）综合值机大厅及候机指廊区空调系统采用温湿度独立控制系统，系统形式为地面辐射供冷 / 供热 + 置换下送风 + 溶液热泵调湿系统，其中地面辐射盘管及干盘管空调机组承

　　　　　　　　　　　　　　人文机场研究与西安实践

担室内的显热负荷，预冷型溶液热泵调湿新风机组将新风处理到合适的温湿度水平，承担室内的全部潜热负荷、新风负荷及少量显热负荷，处理后的新风由置换式送风末端送出，新风直接进入人员活动区，尽可能减少与室内空气混合，从而在人员活动区营造一个温湿度分布均匀的、高舒适度的环境。

为了验证置换下送风条件下航站楼的室内气流组织和室内热环境，通过PHOENICS软件进行模拟。以T5航站楼三层（14.5m）综合值机大厅为例，其模拟数值主要提取旅客使用空间的基本尺度，例如置换风口的中心高度、人员坐姿高度、人员站立高度；通过对气流组织模拟可知，在置换风口中心高度，平均风速为0.3m/s，风速较高，由于此区域为风口的非控制区域，将人员长期停留的功能空间尽量避开该区域，减少对人员舒适度的影响；在人员坐姿高度，送风平均风速为0.19m/s，实现了柔和送风，提升了休息人员的舒适度；在人员站姿高度，采用"整体均匀，多点舒适"的基本策略，送风的平均风速为0.17m/s（图6-30）。

通过对T5航站楼三层（14.5m）综合值机大厅的室内热环境进行模拟可知，在置换风口中心高度上，室内平均温度为23.9℃；在人员坐姿高度，送风的平均温度为25.4℃，因值机大厅仅有少量座位区，这些区域均能满足旅客停留需要的舒适温度；在人员站姿高度，送风平均温度为25.5℃，回风口温度为25.5~26.2℃，对于综合值机大厅，此区域人员密集，布置了一定数量的置换风口，此区域的最高温度为25.3℃，满足舒适要求（图6-31）。根据《民用建筑室内热湿环境评价标准》GB/T 50785—2012，民用建筑室内热湿环境评价等级可划分为三个等级，其中Ⅰ级为最高级别。目前，T5航站楼在旅客长期逗留区域的热舒适评价等级达到Ⅰ级，其他主要功能房间舒适评价等级达到Ⅱ级的面积比例占90%以上。

6.2.4 色彩环境

色彩与人的日常工作、生活息息相关，与人们建立了深刻的情感联系，色彩的应用是非常复杂的，不同行业对色彩的应用有其特有的出发点和着眼

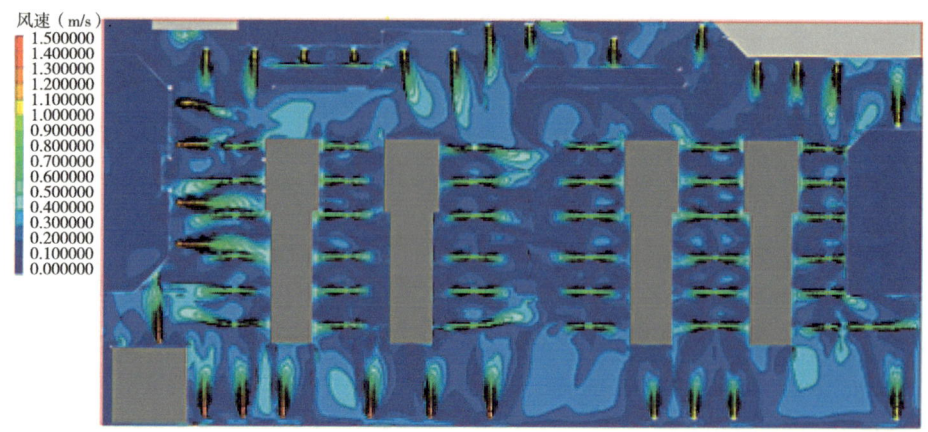

（a）

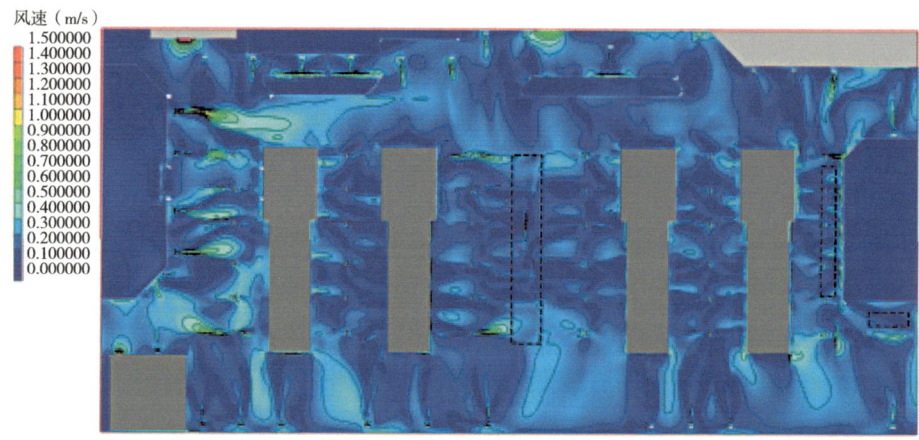

（b）

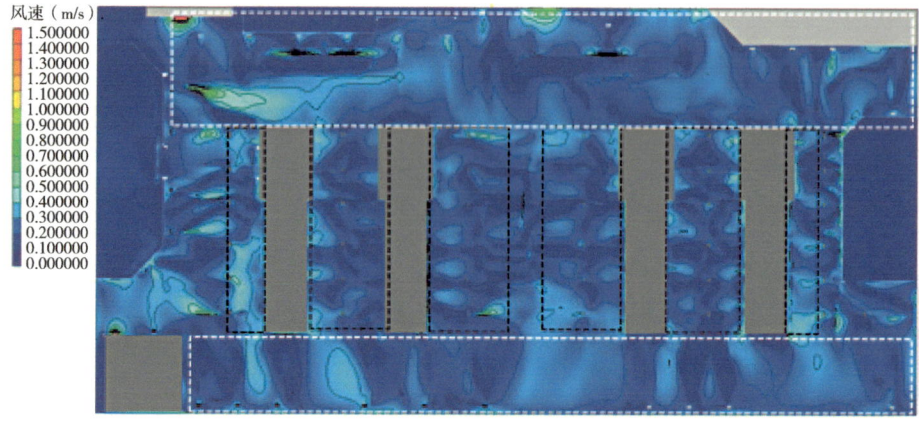

（c）

图 6-30　夏季建筑室内风速模拟

（a）风口中心高度；（b）人员坐姿高度；（c）人员站姿高度

（a）

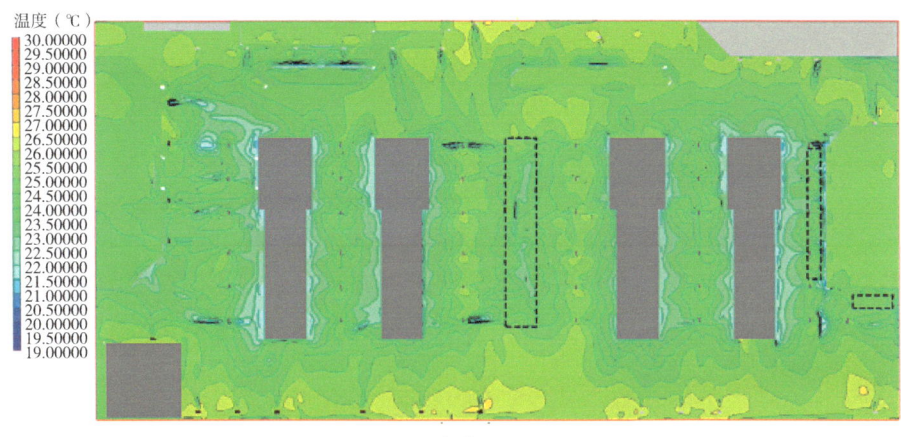

（b）

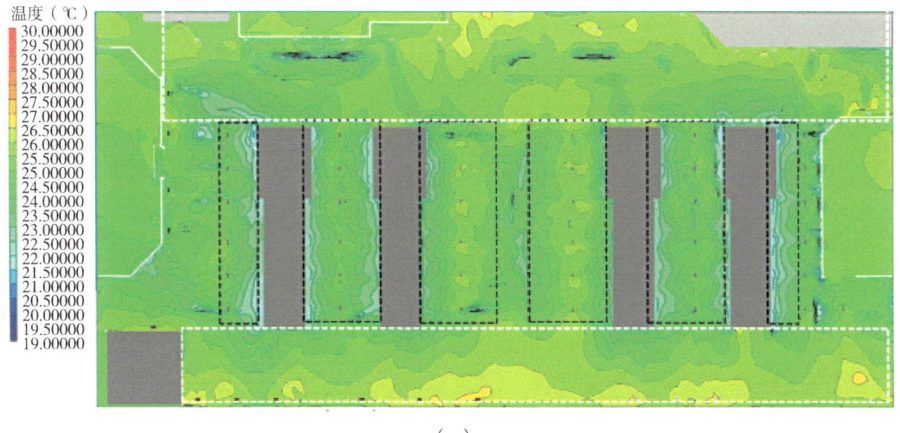

（c）

图 6-31　夏季建筑室内温度模拟

（a）风口中心高度；（b）人员坐姿高度；（c）人员站姿高度

点，例如建筑师利用色彩来创造安全、健康、方便、舒适的人居环境，因此色彩成为空间环境设计中非常重要的组成部分。对于建筑空间而言，色彩发挥的不仅仅是简单的装饰作用，而且通过不同的颜色可以传达不同的信息和情感，例如色彩具有诱目性，能够引起人们的视觉注意，按照引起注意的强弱来排序，红 > 蓝 > 黄 > 绿 > 白；色彩具有物理感觉，主要表现在温度感、距离感、体量感、重量感等，例如一般用暖色和冷色来表达色彩的温度感。与此同时，在航站楼室内设计中，色彩从来都是重要的一环，色彩直接提供了室内空间氛围的基调，好的色彩搭配可以更准确地传达建筑设计的初衷和室内空间的特点，同时色彩环境也是旅客对城市的第一印象，体现了城市的历史文化与人文情怀。T5 航站楼以旅客心理感受为本，以城市特色彰显为魂，聚焦功能流程，在空间色彩规划、室内色彩设计等方面进行了深入推敲与详细研究。

1. 空间色彩规划

航站楼是现代工业发展的产物，具有简洁、高效等特点，因此航站楼公共空间室内设计也应该服从这一特点。T5 航站楼通过对不同层级的空间色彩及部品部件进行层级划分，最终形成背景色系明亮、主体色系温暖、局部色系鲜艳的色彩层级体系，呈现整体简洁明亮、局部温暖鲜明的特点。

背景色系：背景色系主要涉及吊顶、墙面、地板和立柱。T5 航站楼在色彩规划中非常注重色调统一，航站楼室内整体背景色调以淡雅的浅色系为主，其中航站楼吊顶取天之色，选取天际白作为主色调，实现了航站楼全空间的色调统一，也体现了航站楼这类交通建筑空间的功能特征，同时营造了明亮的室内视线氛围，展现现代陕西积极进取的精神风貌；地面装饰与吊顶略作区分，整体使用浅灰色花岗铺装，地面颜色比吊顶颜色重一点，从而使空间显得更加稳重，最终通过对浅色系的使用和细分，T5 航站楼公共空间显得浑然一体（图 6-32）。

主体色系：主体色系主要涉及航站楼内各类功能设施和室内建筑。在统一的浅色系背景下，T5 航站楼通过暖色系的主体色系，进一步拉近了与旅客的距离，同时也凸显出室内建筑的庄重恢宏，暖色系以 3000~4000K 色温为主调，同时通过灯光、材料等措施营造温暖舒适的局部氛围。例如航站楼夹层

图 6-32　T5 航站楼综合值机大厅效果图

（20.5m）特色文化商业街区，通过暖色的建筑材料与浅色系的背景对比，在视觉上强调出前景建筑空间，拉近与旅客的距离，当旅客近距离观察主体色系时，会发现其呈现出更为细腻、丰富的色彩划分（图 6-33、图 6-34）。

图 6-33　T5 航站楼夹层空间效果图

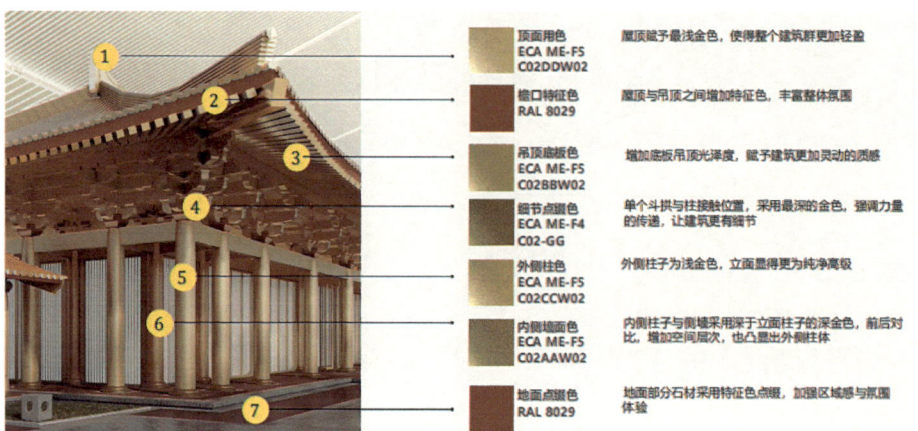

顶面用色 ECA ME-F5 C02DDW02	屋顶赋予最浅金色，使得整个建筑群更加轻盈
檐口特征色 RAL 8029	屋顶与吊顶之间增加特征色，丰富整体氛围
吊顶趟板色 ECA ME-F5 C02BBW02	墙加鹿顶板吊顶光泽度，赋予建筑更加灵动的质感
细节点缀色 ECA ME-F4 C02-GG	单个斗拱与柱接触位置，采用最深的金色，强调力量的传递，让建筑更有细节
外侧柱色 ECA ME-F5 C02CCW02	外侧柱子为浅金色，立面显得更为纯净高级
内侧墙面色 ECA ME-F5 C02AAW02	内侧柱子与侧墙采用深于立面柱子的深金色，前后对比，增加空间层次，也凸显出外侧柱体
地面点缀色 RAL 8029	地面部分石材采用特征色点缀，加强区域感与氛围体验

图 6-34　航站楼夹层建筑色彩规划

局部色系：局部色系主要包括标识版面、航显屏幕、家具柜台等。为了增强建筑空间的趣味性，避免空间乏味，T5 航站楼在局部使用了一些鲜明的色彩，同时也起到提示和引导作用（图 6-35）。

图 6-35　T5 航站楼值机区色彩效果图

2. 分区域的色彩设计

不同的色彩会使旅客产生不同的感受，因此室内装饰设计应注重空间、光线和色彩的协调配合，体现不同功能空间对色彩的差异性需求，例如通过不同的照明强度、颜色或光斑来表达不同功能空间的感情色彩。T5 航站楼建筑面积大、功能空间多，因此采用分区域的色彩设计理念，增强旅客在航站楼内的空间辨识度，有效调动和调节旅客在不同功能空间的情绪，既展现了城市的现代化追求，又巧妙地融入深厚的文化底蕴，为旅客提供了一个既美观又实用的旅行起点。

　　T5航站楼采用鲜明的分区特色，以唐代名画《江帆楼阁图》的青绿山水作为特征色彩来源，提炼土黄色、山绿色、松青色作为特征色（图6-36），其中主楼采用土黄色，南指廊采用山绿色，北指廊采用松青色（图6-37~图6-39）。这种鲜明的颜色分区不仅彰显出机场的历史文化内涵，增强了机场的视觉冲击力和现代设计感，而且在空间划分上形成了清晰的导向，提升了旅客的空间辨识效率，有效缓解旅客的心理压力。

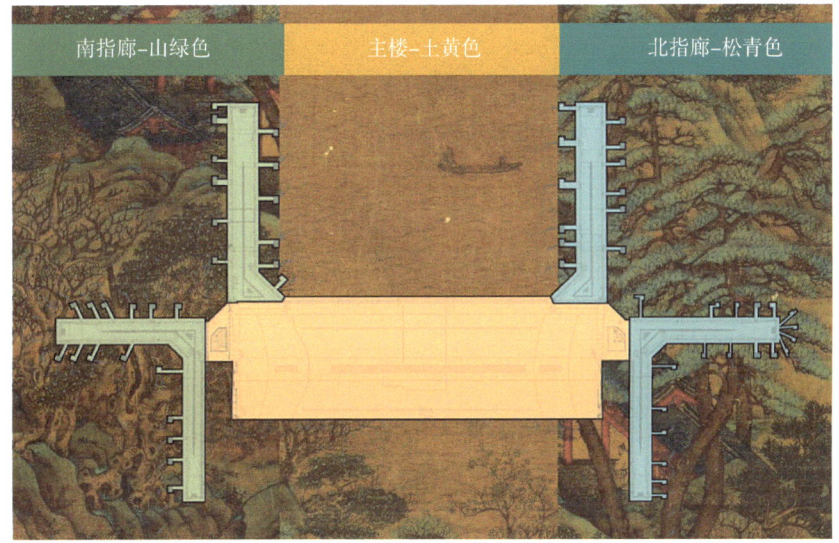

图6-36　T5航站楼色彩分布

图6-37　T5航站楼主楼到达层效果图

图 6-38　T5 航站楼南指廊效果图

图 6-39　T5 航站楼北指廊效果图

　　T5 航站楼通过色彩区分流程空间与商业空间。其中流程空间包括值机大厅、候机大厅、到达指廊、行李提取厅等，整体色调以浅色系为主，加上简洁的装饰线条，舒缓了旅客的疲惫感和紧张情绪，也体现了流程空间便捷、高效的特点（图 6-40）；商业空间整体以暖色系为主，同时通过灯光、橱窗、建筑材料等各要素的相互配合，烘托出一种心情愉悦、情绪放松的购物氛围，进而激起旅客的购物欲望。

图 6-40　T5 航站楼流程空间效果图

6.3　小结

　　人文机场建设强调要优化建筑的空间布局以及室内物理环境的质量，以提升空间环境的舒适度和健康度。对于旅客而言，航站楼的室内空间是其出行过程中最重要的停留场所，其空间环境直接影响着旅客的出行体验。本章节以此为背景，从人的感受出发，深入探讨西安咸阳国际机场T5 航站楼室内空间与环境的设计。在建筑空间体验方面，T5 航站楼以旅客的心理感受为基础，注重空间设计的层次感和丰富性，通过层次丰富的空间组织、开放融合的节点中庭以及舒适宜人的空间尺度等手法，打破了传统航站楼内部空间的单调与压抑，为旅客提供了多样化的空间体验；在建筑环境体验方面，T5 航站楼以旅客的生理健康为基础，从光环境、声环境、空气环境和色彩环境等多个方面入手，科学合理地优化室内环境，提升室内环境质量。

第 7 章 温馨智慧的服务设施

机场服务设施是人文机场建设的重要内容，是旅客直观感受机场服务的重要载体，人性化的机场服务设施，除了能够给旅客的乘机体验增添幸福感外，还能够彰显机场的人文情怀和城市温度，更是城市文明的另一种表现。机场的服务设施种类多、专业性强，按照使用功能和场景，可分为基础服务设施、公众信息系统设施、旅客流程设施、交通服务设施和员工保障设施（表7-1）。为更好满足人民群众对美好航空出行的新需要，本章聚焦上述5类服务设施，健全多元化需求的服务设施类型，完善全流程的服务设施保障体系，开展精细化的人机工学设计与智慧化平台建设。

机场服务设施种类 表 7-1

分类	子项
基础服务设施	旅客座椅、服务柜台、卫生间、母婴室、饮水设施、充电设施、更衣室、无线网络覆盖等
公共信息系统设施	旅客标识系统、航显终端、广播系统、微信小程序等
旅客流程设施	旅客手推车、自助值机设备、自助行李托运设备、托运行李安检设备、手提行李安检设备、安检门、登机桥、行李处理系统、闸机等
交通服务设施	电梯、自动扶梯、自动步道、楼梯、摆渡车、旅客捷运系统等
员工保障设施	办公场所，驻勤、生活服务设施等

人文机场研究与西安实践

7.1 基础服务设施

机场的基础服务设施主要是指为旅客、员工等提供基本公共服务的设施，用于保证机场正常生产运行的公共服务系统，本节就 T5 航站楼的无障碍环境建设和公共卫生间设计进行详细说明。

7.1.1 无障碍环境建设

无障碍环境建设是指为残疾人、老年人、婴幼儿、孕产妇等特殊人群自主安全地通行道路、出入建筑物以及使用其附属设施、搭乘公共交通运输工具等提供便利。2020 年 9 月，中国民用航空局发布《民用机场旅客航站区无障碍设施设备配置技术标准》MH/T 5047—2020；2023 年 9 月，国家颁布《中华人民共和国无障碍环境建设法》，推进无障碍环境建设的顶层法律法规逐步完善，建设标准体系基本形成。在此基础上，T5 航站楼和 T5 综合交通中心的无障碍环境建设以旅客的多元化出行需求为导向，聚焦全流程过程体验，通过细化无障碍服务人群、建筑流程空间和服务设施设备等，针对性开展精细化设计，为旅客提供舒适、便利的旅行体验。

1. 建设特点

全类型。在系统分析机场不同人群实际需求的基础上，东航站区无障碍环境建设的内容涵盖了停车位、人行通道、电梯、自动步道、安全检查通道、柜台、登机桥、标识系统、卫生间等旅客服务设施，所有无障碍设施组成一个完整且全面的无障碍环境系统。

全流程。东航站区无障碍设施分布在旅客的全流程空间，具体范围为旅客的出发、到达及中转流程所涉及的公共活动区域，其中 T5 航站楼包括车道边、停车区、值机大厅、送客大厅、安检区、候机厅、登机通道、到港通道、行李提取厅、迎客大厅、商业区、贵宾厅等公共区域，T5 综合交通中心包括旅客换乘大厅、南北停车楼等。

全民化。除传统意义上的残疾人（下肢残疾者、上肢残疾者、偏瘫患者、视力残疾者、听力残疾者等）外，东航站区无障碍环境建设的服务对象还包括老人、儿童、孕妇、病人等特殊出行需求的群体，这些群体由于自身生理限制，出行过程中使用常规的服务设施不是很方便，需要根据不同需求配套适宜的服务设施（图7-1）。

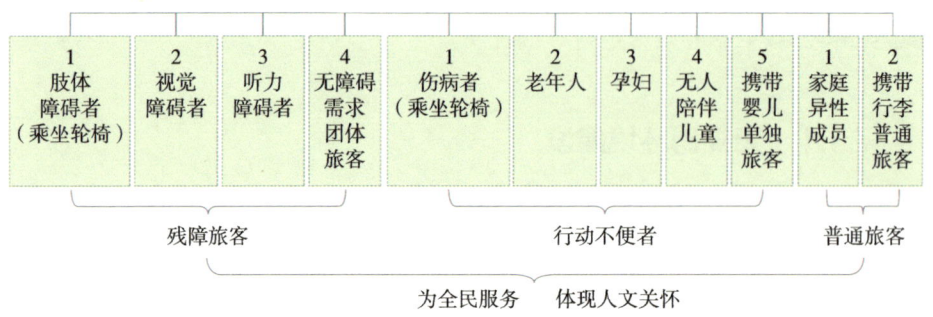

图 7-1　本项目无障碍设计人群服务范围

2. 建设内容

西安咸阳国际机场东航站区无障碍环境系统以服务旅客为核心，以"通用设计"和"合理便利"为原则，为不同人群提供全方位、人性化的无障碍服务。东航站区无障碍环境系统主要包括停车系统、通道系统、公共交通运输系统、专用检查通道系统、服务设施系统、登机桥系统、标识信息系统、人工服务系统（图7-2）。在满足国家、行业有关无障碍设施设计标准、规范的基础上，东航站区无障碍环境建设也提出了一些新的要求。

图 7-2　本项目无障碍设计内容

（1）停车系统：T5综合交通中心室内停车楼均设置了无障碍停车位（普通无障碍车位＋充电无障碍车位），数量109个，占比大于等于2%；同时，无障碍车位均位于停车楼每层电梯厅附近位置，最大化便利残疾旅客等就近乘坐电梯。除此之外，T5航站楼在其出入口附近的出发车道边也设置部分无障碍车位，无障碍车位的尺寸为6m×2.5m，靠近车道边一侧设置有不小于

1.2m 的侧向轮椅通行区及车尾轮椅通行区，且无障碍停车位与盲道连接。

（2）通道系统：无障碍通道系统主要包括出入口、门、坡道、盲道等。东航站区在室内外设置了连贯的无障碍通道，其中室外无障碍通道将 T5 航站楼、T5 综合交通中心、室外场地、公共绿地、城市道路等各类功能建筑、服务设施相互连通，T5 航站楼室内无障碍通道将车道边、出入口、值机柜台、问询柜台、电梯、安检、登机口等旅客各流程节点连通，使残障旅客在航站区可以通行无阻（图 7-3、图 7-4）。同时 T5 航站楼出入口设有符合无障碍使用需求的自动门，自动门净宽大于等于 1.0m，能够友好地为残障旅客提供充足的通过空间。

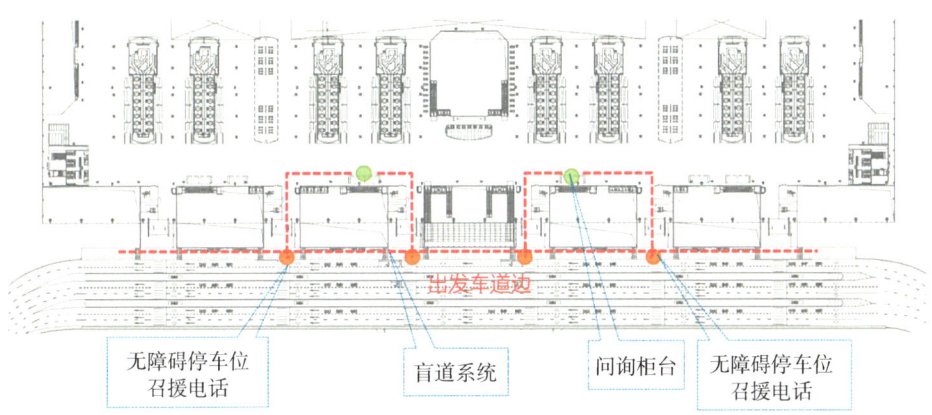

图 7-3　出发车道边盲道系统

图 7-4　无障碍直梯和盲道系统

（3）公共交通运输系统：东航站区无障碍公共交通运输系统包括无障碍楼梯、无障碍电梯、自动扶梯、自动步道、无障碍坡道、摆渡车及远机位登机设施等。其中，无障碍楼梯的上行、下行的第一阶楼梯设置"警示色提示条"，楼梯踏步踏面大于280mm、踢面小于160mm，缓急适宜，并在栏杆下方设置50mm高的安全挡台，方便旅客安全顺畅地通行（图7-5）。无障碍电梯、自动步道距踏步起点和终点300mm处均设置了提示盲道，且提示盲道的长度与电梯厅、步道的宽度等长，可以引起残疾旅客的注意；同时，无障碍电梯轿厢设有盲文按钮、低位按钮、应急呼救面板等设施，为残疾旅客提供了更具人性化的使用体验（图7-6）。

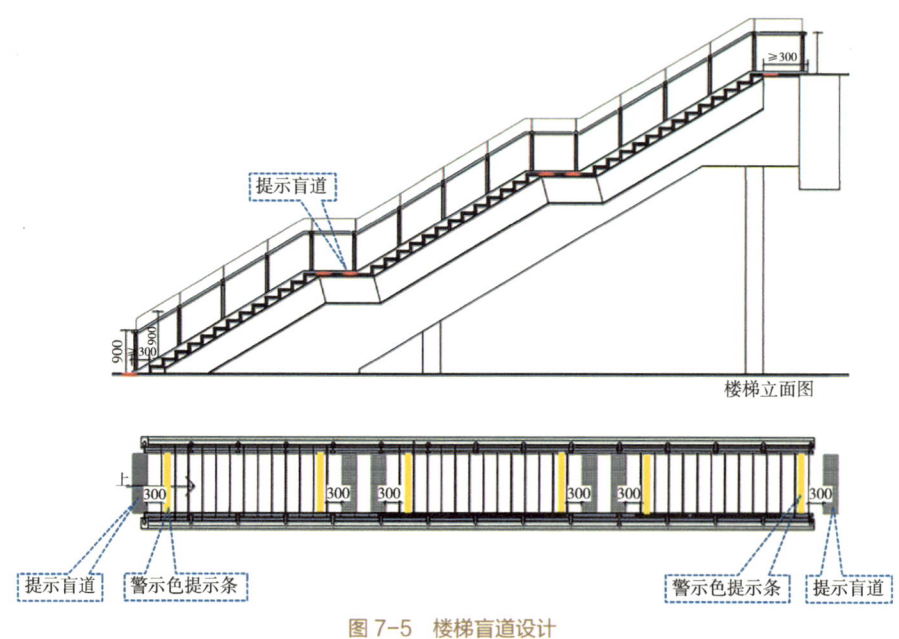

图 7-5 楼梯盲道设计

除此之外，旅客摆渡车也是非常重要的旅客交通服务设施。为满足轮椅旅客的出行需要，本次东航站区配备的旅客摆渡车均满足无障碍通行的需要，在摆渡车车门处设置供轮椅旅客上、下车的活动斜板（图7-7）；旅客摆渡车在靠近车门区域设置供轮椅旅客使用的轮椅车位，且设置固定轮椅设施。

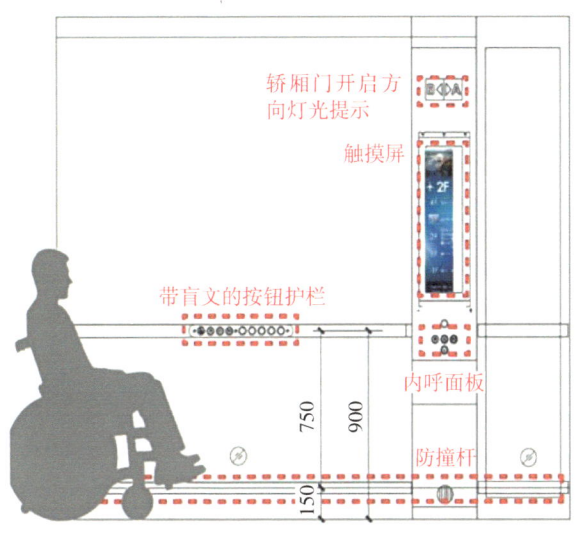

图 7-6　电梯无障碍设计

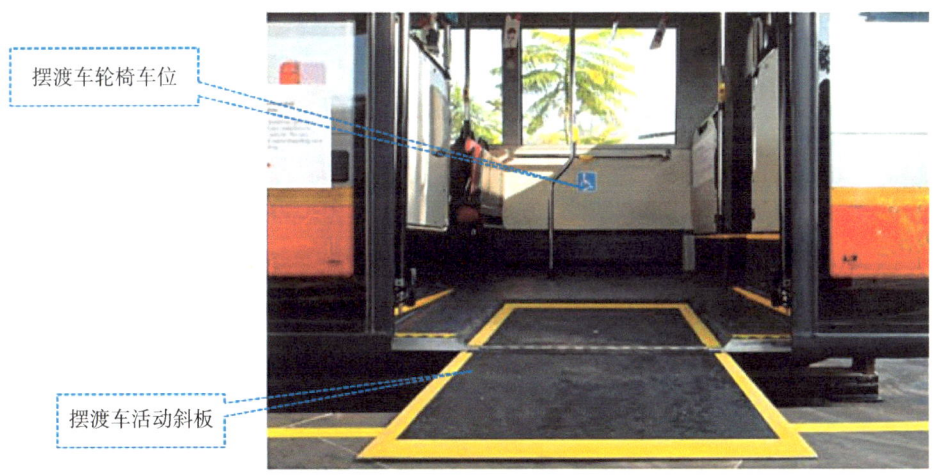

图 7-7　摆渡车无障碍设计示意图

（4）专用检查通道系统：考虑残障旅客、老年人、女性人群等不同群体的特殊需求，T5 航站楼设置了一系列无障碍专用检查通道，为旅客提供便捷的通道空间。例如，设置了部分专用安检通道、专用海关检疫通道、专用边检通道、私密检查室等。其中，T5 航站楼的无障碍安检通道与常规安检通道合并，检查通道宽度大于 1200mm，方便轮椅旅客通过；在安检通道端头设置秘密检查室，为残障旅客及其他特殊出行旅客提供安全私密的检查空间（图 7-8）。

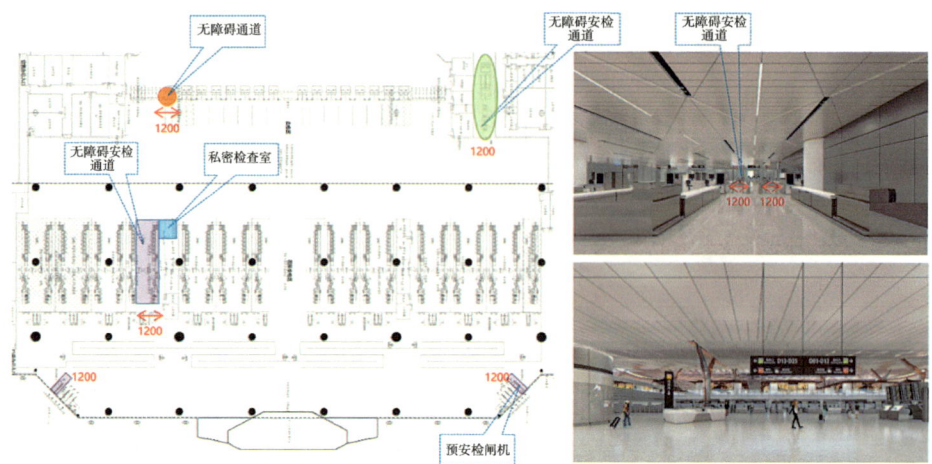

图 7-8　安检通道无障碍设计

（5）服务设施系统：T5航站楼的无障碍服务设施主要包括了低位柜台、爱心座椅、轮椅停放区、无障碍公共卫生间、无障碍更衣间、母婴室、无高差行李托运设施、低位饮水设施、招援电话等。其中，低位柜台主要分布在T5航站楼及T5综合交通中心的问询、值机、安检、登机及商业等区域，低位柜台上表面距地面高度为850mm，台面下部留出宽750mm、高650mm、进深450mm的容膝空间，保持服务柜台下部空间与轮椅相互契合，充分提升了轮椅旅客的使用体验。爱心座椅及轮椅停放区设置在指廊候机座椅休息区，其中爱心座椅靠近旅客通道处设置，供老人、儿童、孕妇及陪同人员等使用；轮椅停放区长度不小于1.1m、宽度不小于0.8m，能够方便轮椅停放及看护人员进出。爱心座椅与轮椅停放区均靠近登机口设置，方便其登机（图7-9）。

除此之外，T5航站楼的无障碍环境系统同样惠及普通旅客，例如采用无高差行李托运设备。传统行李托运设备与地面有一定高差，旅客行李交运时需将行李箱提升至行李传送皮带，这种高差设计对老人、女性旅客不够友好，因此T5航站楼采用特殊定制的下沉式行李输送机，将皮带机与地面高差缩小至5cm，旅客在托运行李时只需要用"推"的方式就可以轻松地把行李箱放到行李传送皮带上；同时，行李传送皮带机与地面留有5cm高差，可以有效防止旅客不小心踩上皮带机而造成跌倒伤害（图7-10）。

　　　　　　　　　　　　　　　　　　　　　人文机场研究与西安实践

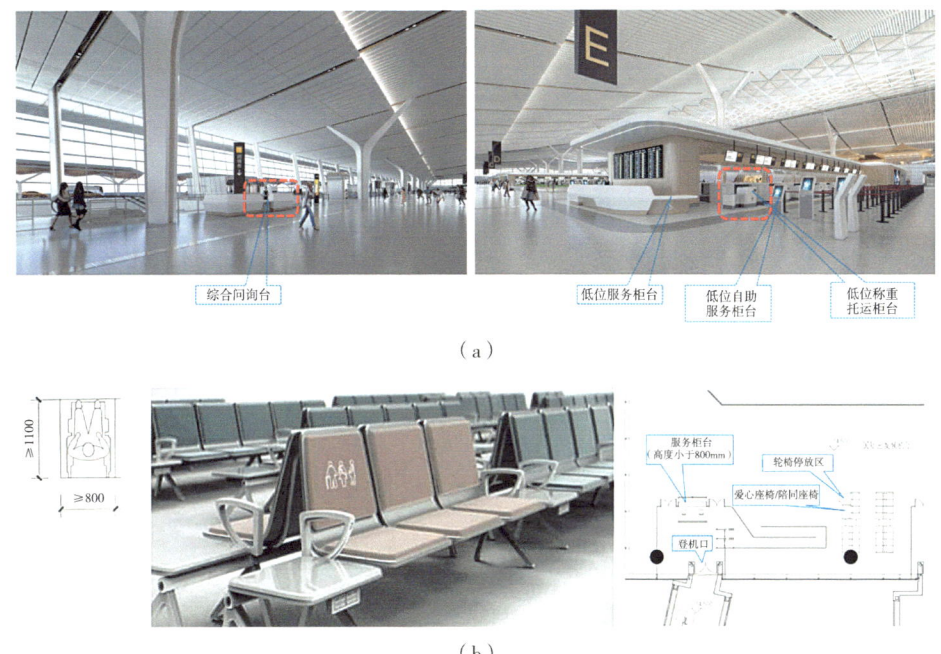

（a）

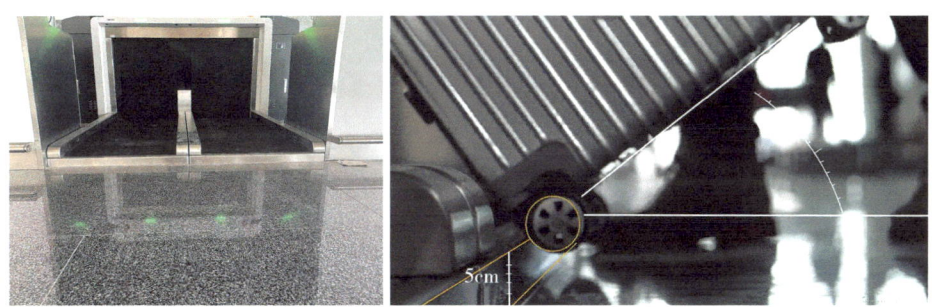

（b）

图 7-9　值机系统无障碍设计

（a）T5航站楼低位柜台设计效果图；（b）爱心座椅及轮椅停放区

图 7-10　无高差行李传送皮带

（6）登机桥系统：登机桥是旅客从航站楼进入飞机的重要载体。T5航站楼登机桥地面采用防滑材料，登机桥的入口、中部转折处等均设置提示盲道，提示盲道的宽度与登机桥同宽；登机口处设置了闪烁提示设施，提示听觉障碍者开始登机或即将停止登机等；登机桥还通过控制通道坡度，增设两侧双层扶手，保证轮椅旅客的行动安全（图7-11）。

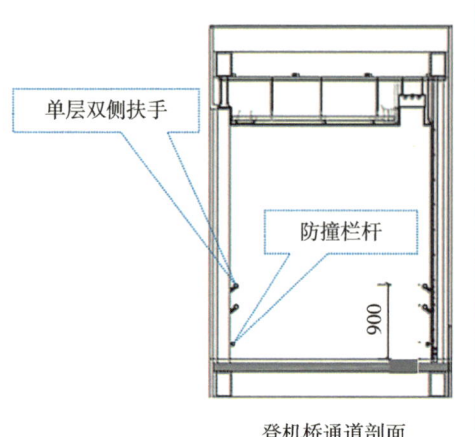

单层双侧扶手

防撞栏杆

900

登机桥通道剖面

900mm 650mm
200mm

图 7-11　登机桥无障碍设计

3. 典型空间

（1）母婴室

母婴室是为方便带有婴幼儿旅客进行哺乳、喂食、消毒、更换尿布等需求而设置的专用房间。为充分考虑带有婴幼儿旅客的多元化需求，T5 航站楼设置了母婴室、儿童乐园、母婴候机区等服务设施，其中母婴室更是高标准为旅客提供细致入微的服务，做到了数量足、设施全。

数量足。考虑到婴儿生理需求的不可控性，T5 航站楼在国际候机区、国内候机区及行李提取厅等区域设置了 18 个母婴室，母婴室的服务半径不超过 200m，确保带有婴幼儿的旅客能够快速找到母婴室（图 7-12）。

设施全。除满足基本功能外，T5 航站楼母婴室的室内面积均不小于 10m^2，并通过增加设施设备、提升内部环境，将母婴室打造成更舒适、更人性化的母婴候机空间。在设施方面，T5 航站楼母婴室除设置哺乳区、换洗台、消毒设备、

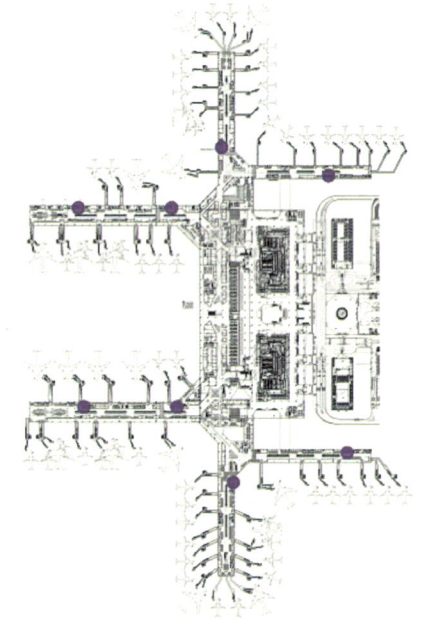

图 7-12　T5 航站楼二层空侧候机区
母婴室分布图

热水器、婴儿安全座椅、可折叠式婴儿护理台外，还设置了儿童游玩设施、独立控制室温的中央空调及旅客休息座椅等，在提升室内环境品质的同时创造更为多元化的服务场景（图7-13、图7-14）。

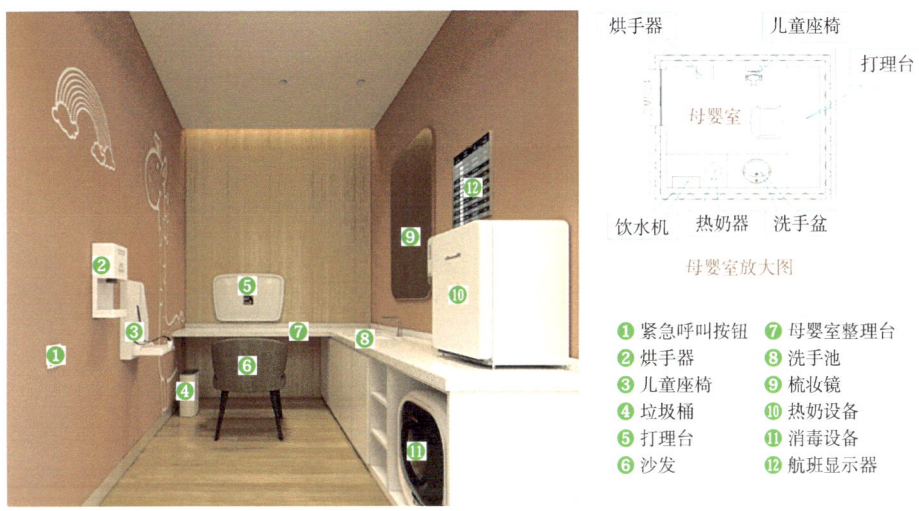

图7-13　母婴室及其配套设备

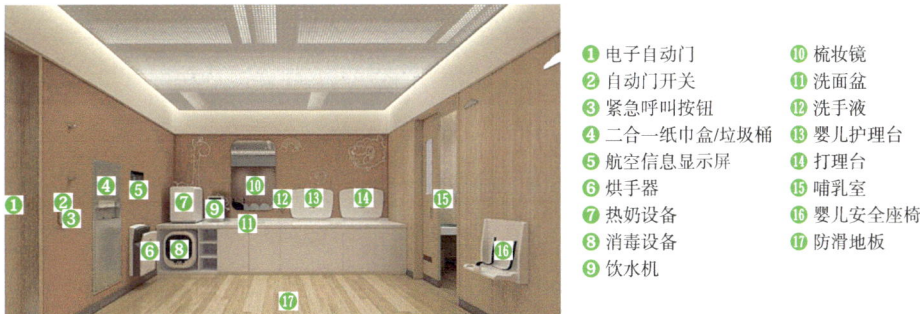

图7-14　母婴候机室及其配套设备

（2）无障碍卫生间

T5航站楼及T5综合交通中心的所有卫生间均设独立的无障碍卫生间，无障碍卫生间设置在公共卫生间入口处，方便特殊人群就近使用，其在航站楼陆侧的服务半径为80m、空侧服务半径为70m。无障碍卫生间采用电动

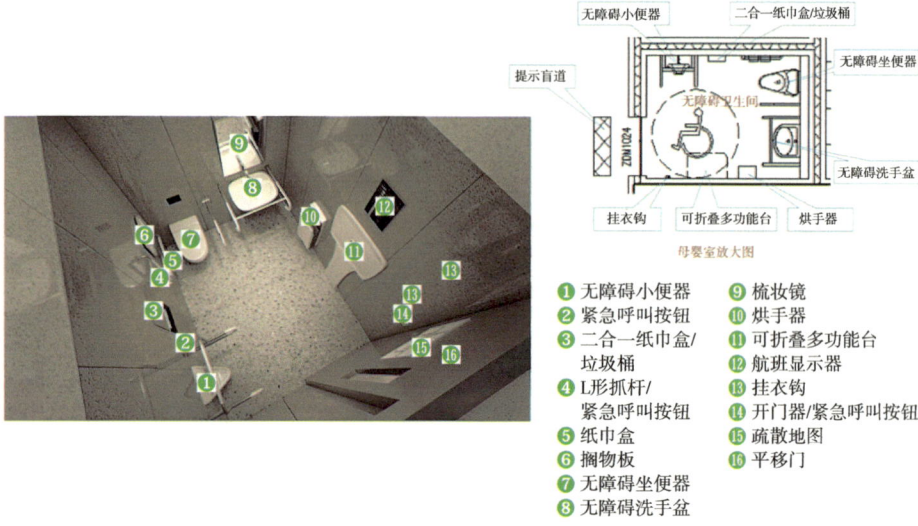

图 7-15　无障碍卫生间及设备布置

平移门，使残障旅客进出变得轻松省力。此外，设有一高一低紧急呼叫对讲按钮，该按钮能够联动卫生间门口的报警灯，可实现声光报警提示，残疾旅客求助时附近工作人员或旅客能够及时救助（图 7-15）。除此之外，无障碍卫生间内设置了成人坐便器、成人小便器、成人洗手盆、可折叠多功能台、儿童坐便器、儿童小便器、儿童洗手盆、可折叠的儿童安全座椅、安全抓杆、挂衣钩、呼叫器等设施，为残疾旅客提供设施设备齐全的无障碍服务（图 7-16）。

7.1.2　公共卫生间

旅客的出行体验离不开航站楼舒适方便的服务设施，而公共卫生间作为航站楼内最为重要的服务设施空间，其使用感受直接影响旅客的满意度。长期以来，旅客对航站楼公共卫生间的期待不断提高，机场也在持续应用新理念、新技术、新材料、新产品，不断创新公共卫生间规划设计。在公共卫生间规划设计中，T5 航站楼及 T5 综合交通中心通过合理规划空间布局，科学设计服务设施，不断提升智能化管理水平，进而打造便捷、舒适、健康的公共卫生间。

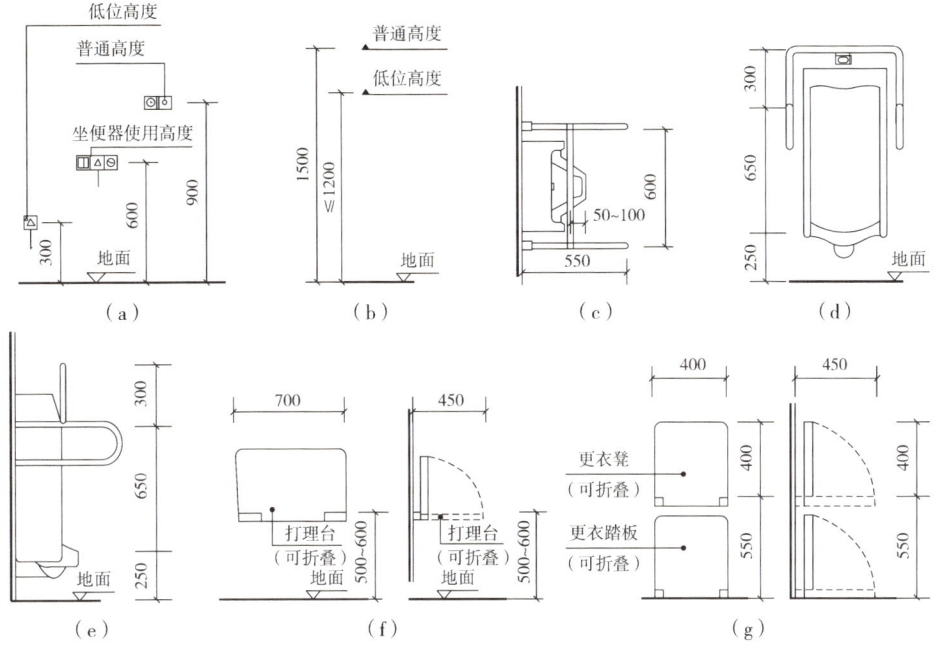

图 7-16　无障碍卫生间单元部件细部设计

（a）紧急呼叫按钮/手动冲水开关/电源插座示意图；（b）挂衣钩示意图；（c）小便器平立面图；
（d）小便器立面图；（e）小便器侧立面图；（f）打理台平面图、侧立面图；
（g）更衣凳/更衣踏板平面图、侧立面图

1.合理的规划布局

T5 航站楼及 T5 综合交通中心卫生间的合理规划布局主要体现在卫生间洁具数量的科学测算、卫生间点位布置与旅客流程的紧密结合、卫生间的模组化与标准化设计三个方面。

（1）卫生间洁具数量测算

在测算卫生间各类洁具数量时，按照严指标、多预留的思路，为旅客提供数量更为充足的卫生间洁具。其中航站楼空侧洁具数量计算参照美国机场合作研究计划（ACRP）的研究报告计算，男性旅客洁具需求数量 = 需求人数 × 性别比例 ÷13（其中，性别比例为 50%，13 为 20min 高峰期单个洁具的男性使用率），女性使用洁具数量 = 男性洁具数量的 1.2~1.5 倍（木项目取 1.5 倍）。通过上述公式可知，需求人数成为解决卫生间洁具数量测算的关键。

对于卫生间洁具的需求人数预测，国内尚未有一个统一的方法，考虑航站楼的消防疏散人数是一个区域内综合考虑的最大人数，包括旅客、迎送人群、员工等，因此本项目将消防疏散人数作为卫生间洁具的需求人数参考指标。在具体计算中，本项目先将航站楼按照区域进行划分，依据航站楼内不同功能区的消防疏散人数，再结合高峰小时人数，综合考量取最大值，测算出卫生间洁具的需求。

航站楼陆侧洁具数量参照《城市公共厕所设计标准》CJJ 14—2016 计算，即男性厕位的数量按照 100 人以下设 2 个，每增加 60 人增设 1 个，女性厕位的数量按照 100 人以下设 4 个，每增加 30 人增设 1 个进行计算。经计算，T5 航站楼三层（14.5m）综合值机大厅男厕位数量，规范要求为 43 个，实际提供 70 个；女厕位数量，规范要求 87 个，实际提供 104 个，实际提供厕位数量远高于规范要求。同时，结合旅客的行为习惯，考虑旅客往往在登机前、下飞机后对卫生间有较大需求，因此 T5 航站楼重点增强了空侧候机区、国际到达夹层、远机位到达区等区域的卫生间承载能力，例如航站楼夹层（2.2m/4.2m）国际到达指廊卫生间男厕位数量，规范要求为 8 个，实际提供 27 个；女厕位数量，规范要求为 16 个，实际提供 40 个（表 7-2）。

卫生间洁具数量规范要求及设计数量　　　　表 7-2

位置	人数	男	女	男卫生间（个）				女卫生间（个）				备注
				厕位		洗手盆		厕位		洗手盆		
		比例 1：1		规范要求	设计数量	规范要求	设计数量	规范要求	设计数量	规范要求	设计数量	
14.5m 陆侧出发区	5156 人	2578 人	2578 人	43	70	9	26	87	104	18	38	满足
7.5m 混流区	16933 人	8467 人	8467 人	141	253	29	111	283	330	57	134	满足
0.5m 行李提取厅	3380 人	1690 人	1690 人	29	52	7	24	57	64	12	24	满足
2.2m/4.2m 国际到达指廊	921 人	461 人	461 人	8	27	2	12	16	40	4	15	满足

（2）卫生间点位布置

以往的航站楼设计中，公共卫生间往往被设置在航站楼各类空间的边角区域，导致卫生间点位设置不合理，旅客寻找卫生间比较困难等。在 T5 航站楼公共卫生间点位布置中，结合航站楼内不同区域的空间属性、旅客流线及设施布局，通过前置卫生间点位规划，采用因区而异、左右错位的布局方式，将卫生间的点位设置与航站楼不同功能流程紧密结合，避免了重旅客流程而轻服务空间的现象。例如，T5航站楼三层（14.5m）综合值机大厅、一层（0.5m）到达大厅将公共卫生间沿开间对位布置，候机指廊区将公共卫生间沿长轴左右错位布置，减少不同区域旅客前往卫生间的步行距离。整体上，航站楼陆侧公共卫生间的服务半径为80m、空侧公共卫生间服务半径为70m（图7-17、图7-18）。

（3）卫生间模组化设计

T5航站楼公共卫生间采用模组化的设计理念，每个模块由男厕、女厕、无障碍卫生间、清洁间（工具间）、换热间、管井等功能单元组合而成。模组化设计能够更好地适应T5航站楼的实际需要，一方面最大限度地将卫生间的各类功能设施布局标准化，将统一的高标准贯穿至航站楼所有卫生间建设中，保证不同区域卫生间品质始终如一；另一方面，模组化设计能够实现卫生间内各类部品构件标准化，实现内装构件、设备管线、使用器具等标准化安装及替换，提升卫生间运维管理水平（图7-19）。

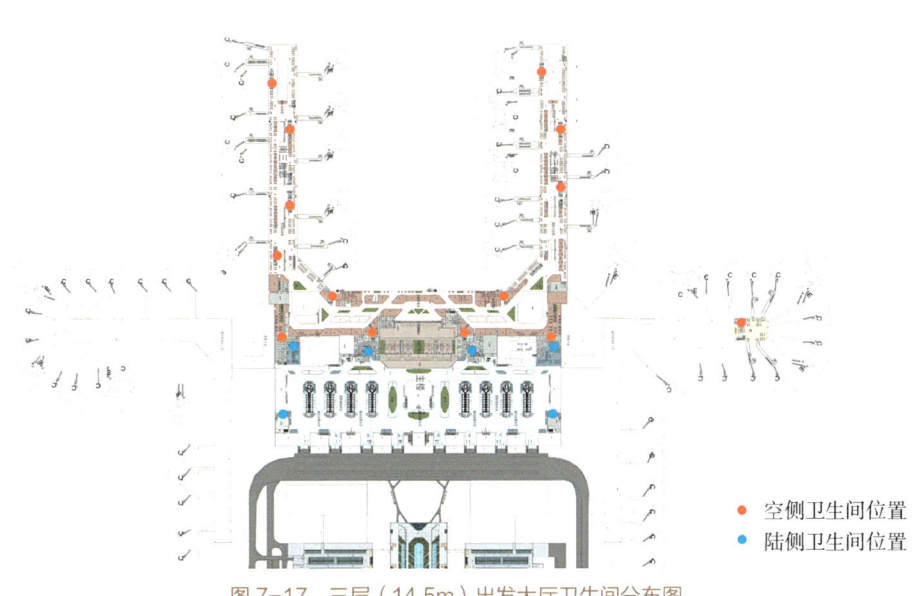

● 空侧卫生间位置
● 陆侧卫生间位置

图7-17　三层（14.5m）出发大厅卫生间分布图

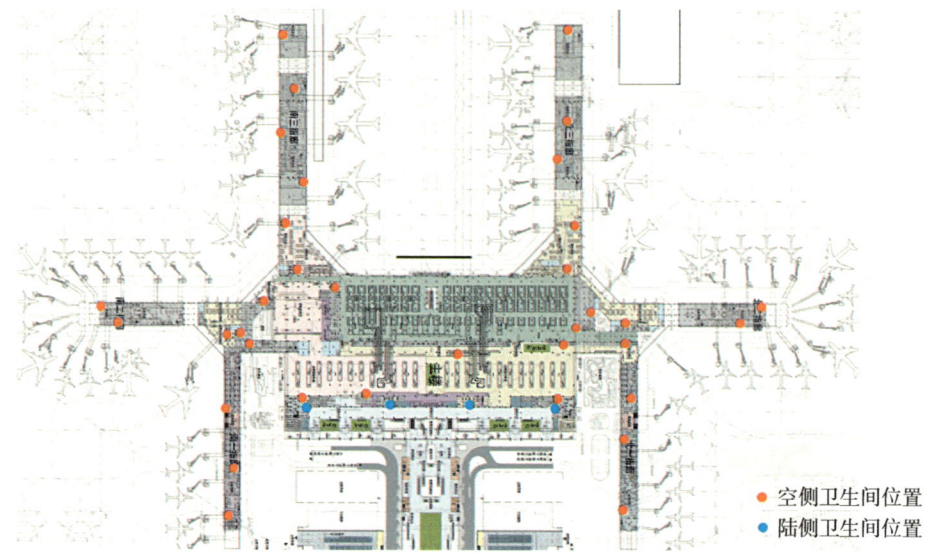

● 空侧卫生间位置
● 陆侧卫生间位置

图7-18 T5航站楼一层（0.5m）到达大厅卫生间分布图

2.舒适的功能区设计

公共卫生间是为旅客提供如厕、盥洗的私密空间，具有流线复杂、强调效率、使用人群多样等特点。T5航站楼通过对卫生间进行功能空间划分，有针对性地对出入口区、洗手区、厕位区等进行差异化设计，并结合旅客的人群特征及使用特点细化空间布局及尺寸。

折线式出入口空间布局。出入口区域既是旅客进出卫生间的唯一路径，也是保护旅客隐私的关键区域，T5航站楼采取折线式的出入口设计方式（图7-20）。一是出入口不需要设置门，通过将入口通道连续弯折，形成连续的进出动线将卫生间室内外联系，也防止旅客频繁接触门把手带来的交叉污染；二是通道入口形成视线遮挡，将内部卫生间洗手区和厕位区变为独立的私密空间，提升了旅客如厕的私密性。同时，在旅客高峰期，卫生间入口通道可当作旅客排队空间，避免卫生间室外排队对交通流线的影响。

舒适友善的洗手区规划。考虑使用频率高、使用人群广泛的特点，本项目卫生间洗手区采取更舒适、更友善的设计策略。公共卫生间洗手区采用一体式台盆，即将多个洗手盆嵌入一个整体式台面，洗手盆与台面平齐，便于保洁人员的清洁操作，空间利用率较高；洗手台的高度为0.8m，相邻洗脸盆

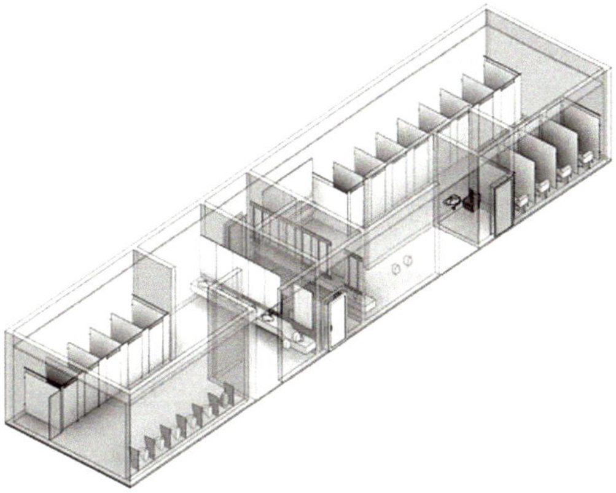

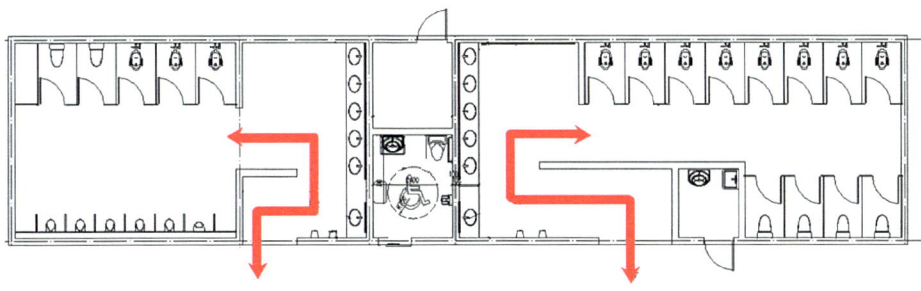

（a）

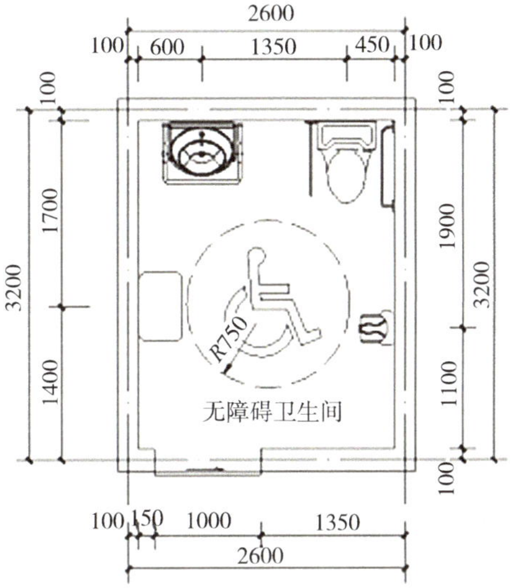

2600
100 600 1350 450 100

100

1700

3200

1400

R750

无障碍卫生间

100

1900

3200

1100

100

100 150 1000 1350
2600

（b）

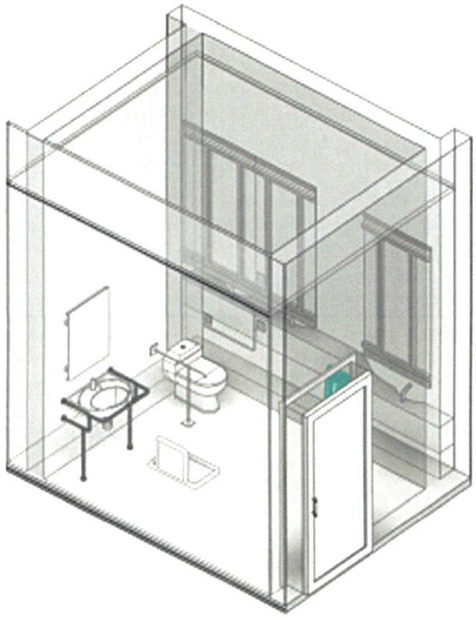

（c）

图 7-19　卫生间及无障碍卫生间模块

（a）卫生间模块；（b）无障碍卫生间平面图；（c）无障碍卫生间模块

图 7-20　卫生间人性化设计

的中心点距离达到 0.8m、净距为 0.4m，符合公共场所人际交往的距离，也为旅客提供了舒适、宽敞的洗手空间；考虑儿童、轮椅旅客等特殊旅客群体的需要，配置了部分低位洗手盆。另外，水龙头与洗手盆的相对位置关系对旅客的洗手体验有重要影响，水龙头位置不合理会将台盆内水渍外溅至台面，因此本项目对水龙头和台盆的尺寸进行系统研究，例如明确台盆的直径不小于 40cm，台盆的深度不低于 16cm。同时，洗手区还设置多种细节化设施，例如洗手盆周边集约布置皂液器、纸巾盒、干手机、垃圾桶等，提升了旅客使用效率；卫生间干手机采用低噪声型产品，避免强噪声对人工耳蜗及人工心脏等所造成的影响（图 7-21）。

图 7-21　T5 航站楼公共卫生间洁具等细节化设施效果图

宽敞精细的厕位区设计。在厕位空间设计方面，T5航站楼采取宽尺寸、增设施的思路，为旅客提供更为舒适的厕位空间。例如考虑到旅客的舒适性，厕位隔间尺寸为1200~1600mm，比规范规定的尺寸扩大了100~200mm，同时设置了衣物挂钩、置物台等设施；考虑到带有婴儿旅客及大件行李旅客需求，还设置了特殊卫生间，配置了婴儿座椅、紧急呼叫按钮等，厕位尺寸进一步扩大为1400mm×1600mm，提高了卫生间的空间品质。除此之外，男卫生间小便斗后方预留了500mm的空间，保持通道净宽为1.6~2m，方便旅客转身及放置行李。

为解决卫生间反味的问题，本项目对公共卫生间的排水、通风等设施开展精细化设计，卫生间地漏、小便器、蹲便器等设置存水弯，卫生间排水系统设置了环形通气管和专用通气立管，通过侧墙通气方式，保证了卫生间排水、排气畅通，减小卫生器具的水封波动，防止管道异味进入室内。洁具设置定时保护功能，即24h未冲洗的情况下，洁具将自动冲洗一次，防止洁具水封干涸，臭气溢出。此外，本项目还优化卫生间气流组织，通过科学的气流组织模拟和实验，公共卫生间采用上排风与下排风相结合的形式，排风换气次数达到15次/h，可以快速消除异味。

3. 智慧卫生间

本项目引入智慧卫生间系统，提供智能导航、环境监测、资源管理等全方位的智能服务。卫生间门口安装信息显示屏，为旅客提供航站楼卫生间的位置布局、卫生间空余厕位数量、卫生间服务评价反馈等信息，从而能够使旅客迅速掌握卫生间的使用情况，为清洁工人提供准确的使用数据，摆脱过去粗放式的卫生间维保管理，实现更为人性化、精细化的管理，同时也提升了公共卫生间的使用体验和管理效率（图7-22）。

7.2　公共信息系统设施

公共信息系统设施是指在公共场所，为满足社会公众对获取公共信息的需求而投入使用的设施、设备的总称，包括标识系统、航显终端、广播系统等。本节重点对标识系统、智慧出行进行阐述。

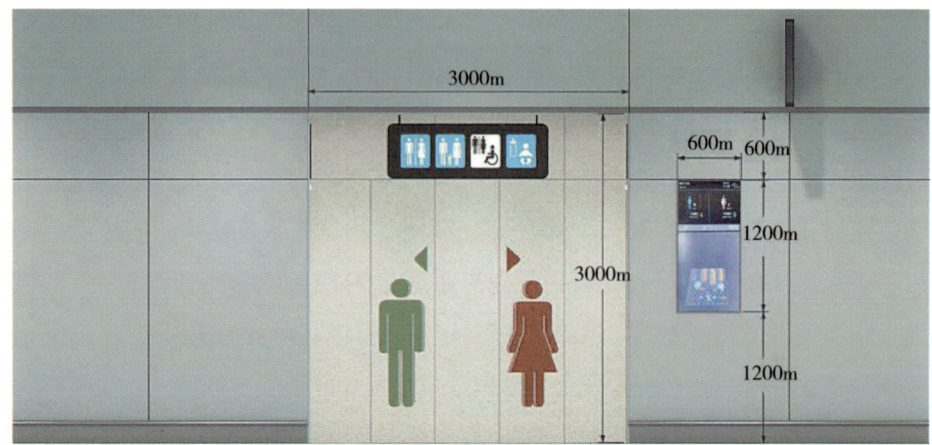

图 7-22　智慧卫生间系统

7.2.1　标识系统

标识系统是以快速传达、识别、辨别信息为目的，将文字、图形或符号经过秩序化的组合所构成的系统。对于枢纽机场来讲，标识系统是旅客获取信息的重要依据，对机场流程效率、服务质量、用户体验和形象塑造具有重要影响，因此对旅客而言，清晰高效是标识系统设计的基本原则。清晰高效就是方便看见、容易看懂、能快速找到目的地。为了实现这一目标，在满足规范的基础上，本项目对标识系统的规划布局、版面版式及美学设计等提出更详细、人性化的措施。

1. 标识系统分类

按外观形式，标识系统主要包括立柱、贴墙、悬挂、包柱、侧挑、龙门架和贴门等；按照功能不同，标识系统可分为引导性标识、识别性标识、综合方位标识、屏显标识及辅助性标识。引导性标识是通过线条、箭头等指示方式，将旅客引导至特定目的地的视觉标志；识别性标识具有明显的点状特点，旅客对特定目的地进行辨识和认知；综合方位标识多以大中型地图和示意图等方式呈现给旅客；辅助性标识包括说明、警告、管制、装饰及无障碍设施的标志。本节所探讨的标识系统主要是机场的公共信息引导性标识系统和识别性标识。

2. 规划布局

从本质上讲，标识系统的核心是以系统化设计为导向，综合解决信息传递问题，帮助旅客更快速地识别方位。因此在标识系统的建设过程中，科学合理的规划布局会给旅客带来更为流畅的位置指引。本项目综合考虑了航站楼功能、流程、广告、商业、景观、航班显示屏等各类旅客服务设施的位置布局，确保标识系统布局合理。

不缺位、不多余。 机场功能复杂、服务多元，航站楼内各类标识信息非常多，除功能标识外，还包括商业、广告及应急疏散等各类信息，旅客进入航站楼会面临眼花缭乱的标识广告信息，影响出行效率和空间感受，因此如何正确处理好楼内各类标识信息，确保标识系统不缺位、不多余，成为重中之重。本项目从旅客视角出发，一方面，对旅客的出发、到达及中转流程进行分析，系统梳理出建筑内的流程决策点，即流线中多个方向的分流或交汇点，例如航站楼的出入口、楼层转换区、空间转换区、流程转换区等，并在上述流程决策点设置多向旗帜型导视牌（图 7-23），方便旅客直观地找到目的地，缓解旅客在通道空间的紧张情绪；另一方面，对于航站楼内所有不需

图 7-23　多向旗帜型导视牌

要旅客进行流程决策的通道空间，例如指廊候机区，减少功能流程类的标识，原则上每35~50m设置一处标识，将更多空间让给其他功能设施，同时也减少了旅客对信息的辨识，最终确保所有标识信息都能够及时出现在旅客的整个出发和到达流程中，第一时间为旅客提供准确的方向指引。

分层级、分类型。从认知心理学角度来看，人脑处理信息分为感知、注意、记忆、思维、理解等多个环节，其中在"注意"环节，大脑会自主地将精力集中在关注的信息上，同时忽视其他无关信息，因此个体的注意力是一种有限资源，需要在不同信息之间进行分配，从而最有效地使用它。在T5航站楼标识信息传递时，一方面按照先概括、后具体的顺序设置信息，从旅客行为习惯角度，将重要信息以最直接的方式展示给旅客，避免信息超前或滞后出现，扰乱旅客对于关键信息的读取，例如在指引登机口时，按照先指引所有登机口方向，然后指引区域登机口方向，随着行进路线逐渐引导旅客至具体登机口（图7-24）。另一方面，按照先主要、后次要的原则分级分类设置信息，按照重要、次要两个层级对公共信息进行优先级排序，其中重要层级为旅客出发、到达及中转等流程，次要层级为服务类设施的就近指引，在同一区域的标识信息传递时，旅客流程信息优先于商业服务等服务类设施

图 7-24　登机口方向引导

（a）所有登机口方向引导；（b）区域登机口方向引导；（c）具体登机口位置

（a）　　　　　　　　　　　　　　（b）

图 7-25　信息分层的引导标识

（a）正确标识；（b）错误标识

信息，例如旅客在办理完值机手续后，安全检查的标识信息要优先于航站楼服务设施的标识信息（图 7-25）。

分高低、分远近。一般来讲，按照人的视域，物体在公共空间中的高、低、远、近会产生不同的感知效果，因此恰当的标识高度能够更清晰、直接将信息传递至人的大脑。本项目将公共空间按照竖向高度分为上空间、中空间和下空间。其中，上空间因为其高度优势，可以被旅客在较远位置观察到，同时也可避免被其他设施遮挡，因此该类空间适宜通过悬挂式标识，设置旅客流程类的重要层级信息，方便旅客在较远距离能够快速识别到目标信息，例如将值机岛信息设置在航站楼三层（14.5m）综合值机大厅的上空间，方便旅客进入航站楼后第一时间找到目标值机岛，提高旅客流程效率。中空间由于存在一定视线遮挡，适宜通过立柱式标识、侧挑式标识等（图 7-26），为旅客在中距离

图 7-26　T5 航站楼标识系统示意图

范围内提供次要层级信息，例如卫生间、问询柜台、商业区的指引信息等，旅客一般对上述指引信息不需要提前掌握。下空间并非旅客的舒适视角，不宜提供过多的功能流程信息，适合设置警告、管制、装饰及无障碍设施等辅助性标识信息，同时宜采用地面或者墙面标识。

除此之外，标识的设置高度、平面点位往往是由旅客视线在各个方向旋转（如抬头、低头、转头）的偏移角决定的。例如从旅客视线习惯上讲，标识的空间高度应在旅客视平线仰角10°~15°之间；在静态观察情况下，旅客视线的最大偏移角不超过15°；在动态观察情况下，旅客视线的最大偏移角不宜超过45°。基于以上原则，对T5航站楼和T5综合交通中心的标识高度、标识的平面位置点位等进行系统规划，例如侧挑式、立柱式标识版面下边缘与地面的垂直距离不宜低于2.2m，贴墙式标识下边缘与地面之间的垂直距离不宜低于2m。

3.版面版式

版面的本质是信息传播，是标识系统设计的核心。版面设计应该从使用者的功能需要出发，通过色彩、字符等可视化信息元素的综合编排，形成统一化、层次化、序列化的标识系统，让使用者形成逻辑性的空间认知，进而传递标识所要表达的重点信息。

（1）色彩

颜色是标识系统版面设计的重要组成部分，也是旅客快速识别信息的有效工具，因此标识系统设计应重视颜色的使用。首先，标识系统版面的颜色应与周围建筑空间环境相协调；其次应控制整体颜色数量，避免使用邻近的颜色组合，确保颜色具有明显的差异。同时，标识系统版面的颜色应具有较强视认性，便于旅客清晰地辨识需要信息，所谓视认性是在一定环境背景中，特定色彩能够被多远距离和多长时间内辨识的程度，通常情况下，颜色与背景之间的明度及对比度差异越大，其视认性也越强，日本色彩学家佐藤垣宏研究认为，黑底白图、白底黑图、蓝底白图、绿底白图、红底白图、灰底黄图、黄底黑图等色彩搭配是视认性高的色彩搭配。

在标识系统设计中，本项目明确了拟采用的色系选择，结合标识系统的版面内容，通过色彩分级，将主体颜色分为"背景色""字体色"，另外增加

图7-27 导视用色

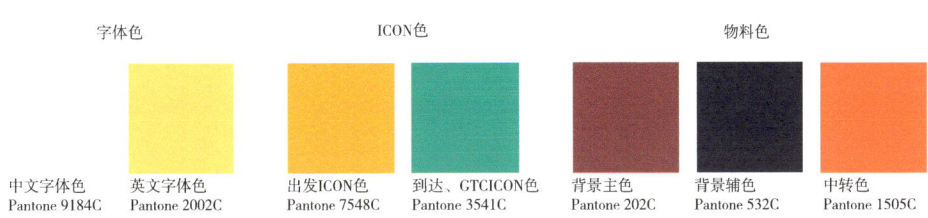

字体色 　　　　　　　　　　ICON色 　　　　　　　　　　物料色

中文字体色 　英文字体色 　　出发ICON色 　到达、GTCICON色 　背景主色 　　背景辅色 　　中转色
Pantone 9184C　Pantone 2002C　Pantone 7548C　Pantone 3541C　　Pantone 202C　Pantone 532C　Pantone 1505C

图7-28 标识系统的色系选择

"辅助信息色"配合主体颜色使用，最终实现主体突出、易辨清晰、内容丰富、美观大方的标识系统色彩体系（图7-27、图7-28）。

首先，标识系统的主体色彩采用了红底白图和黑底白图两种颜色视认性高的色彩体系，所有流程标识等主要层级信息板块的背景颜色为红底色，所有功能区板块和次要层级信息板块的背景颜色为黑底色。其次，为避免单个标识颜色过多，引起旅客信息辨识困难，通过对国内外机场的标识版面色彩使用种数进行统计，本项目明确每块标识版面的颜色不超过4种。除此之外，也采用系列色系来区分流程和信息的重要性，利用旅客在视觉心理上的连续性提升引导的高效性，例如在流程区分上，出发流程采用黄色，到达流程采用蓝绿色，中转流程采用橙色；在信息重要性分级上，警告信息采用红色，提示和注意信息采用黄色（图7-29）。

（2）字符

在标识系统版面设计中，字符是标识系统中传递信息的重要载体，字符的差异会缩短或延长旅客信息识别的时间，进而影响旅客的服务体验。本项目通过对字体及字符大小的对比研究，选取最清晰易辨、大小适宜、精致美观的字符形式。

字体。 字体的选择直接影响旅客对标识信息的读取。通过前期研究比对，发现不同的字体风格对阅读产生不同的影响，相比其他字体形式，黑体与宋体是易读性最强的字体。基于此，T5航站楼及T5综合交通中心标识系统的字体采用思源黑体，该字体在黑体的基础上吸收了宋体字结构的优点，字形

国内起飞 Departures T5				22:30
航班号 | Flight	目的/经停 | Via/ To	起飞 | Time	登机口 | Gate	状态 | Status
FD8908	拉萨 | Lhasa	10:30	H50	正在值机 | Check-in
CA5580	乌鲁木齐 | Wulumuqi	11:20	H15	正在值机 | Check-in
JR4874	银川 | Yinchuan	11:35	H08	正在值机 | Boarding
MU6685	成都 | Chengdu	11:45	H50	延误 | Delay
MF3320	成都 | Chengdu	12:05	H15	催促登机 | Last-call
CA6996	哈尔滨 | Harbin	12:10	H08	取消 | Canceled
EU8908	沈阳 | Shenyang	12:15	H50	取消 | Canceled
CA5580	上海虹桥 | Shanghai	12:36	H15	取消 | Canceled
FD8908	拉萨 | Lhasa	12:36	H08	取消 | Canceled

图 7-29　机场大屏用色

简洁、清晰易辨，整体朴素浑厚、字体均匀，有时尚感和现代感；笔画制作精良，线条刚柔相济，富有弹性，增强了版面的视觉冲击力；字面格局空间舒适，风格庄重、严肃、美观，符合现代印刷技术特点。在标识系统中，该字体与英文字体搭配，整体清晰易辨、字形均衡现代，与标识系统整体配合相得益彰（图 7-30、图 7-31）。

字符大小。为满足旅客对标识系统版面信息清晰识别的要求，标识系统的字符大小应该由旅客的最远观察距离确定（表 7-4）。考虑航站楼不同空间的

西安	西安	西安	西安	西安	西安	西安	西安
黑体	宋体	楷体	魏体	楷书	隶书	彩云	行书

清晰易读　　　　　　　　　　　　　　　　　　　　　混淆难辨

（a）

数字：思源黑体 —— **137-171 212-215**

中文：思源黑体 —— **国际、港澳台出发**
英文：Acumin Variable —— **Int'l and HK/Macau/Taiwan Departures**

（b）

图 7-30　字体设计

（a）字体设计分析；（b）字体设计应用

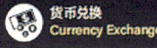

图 7-31　标识系统字体

文字尺寸与观察距离关系参考　　　　　表 7-4

文字大小	观察距离						
	1~2m	4~5m	10m	20m	30m	40m	50m
中文（字高）	8mm 以上	20mm 以上	40mm 以上	80mm 以上	120mm 以上	160mm 以上	200mm 以上
英文（字高）	5mm 以上	13mm 以上	26mm 以上	53mm 以上	80mm 以上	106mm 以上	133mm 以上

大小和旅客的行为习惯，本项目明确了旅客对不同功能流程、不同类型标识系统的最远观察距离。例如，T5 航站楼三层（14.5m）值机大厅空间高大，旅客往往在航站楼入口处就迫切需要了解目标值机岛的信息，结合航站楼的空间尺寸，明确旅客对值机岛标识信息的最远视距应为 40m（值机岛头距航站楼外墙 40m），因此统筹考虑悬挂式标识系统的尺寸，值机岛标识的中文字体大小确定为 280mm，满足最远视距要求；指廊候机区空间狭长，旅客进入指廊候机区后往往需要快速了解目标登机口信息，因此本项目明确了旅客对登机口标识信息的最远视距应为 35~50m，同时结合指廊候机区标识系统的尺寸和信息量，登机口标识的中文字体大小确定为 240mm，满足最远视距要求。

4. 美学设计

近年来，标识系统已经成为公共交通建筑空间环境的一道靓丽风景线，除传统的传递公共信息外，标识系统对提升空间品位、彰显文化价值都有重要作用，成为地区文化观和价值观的缩影。在 T5 航站楼及 T5 综合交通中心标识系统设计中，除了注重信息传递的清晰准确等因素外，也全面细致地考虑了其美学设计。

在颜色选择上，标识系统的色彩规划融入西安的历史文化元素，从富有西安文化特色的陶俑、唐三彩等元素中提取颜色，以增加标识的艺术性和文

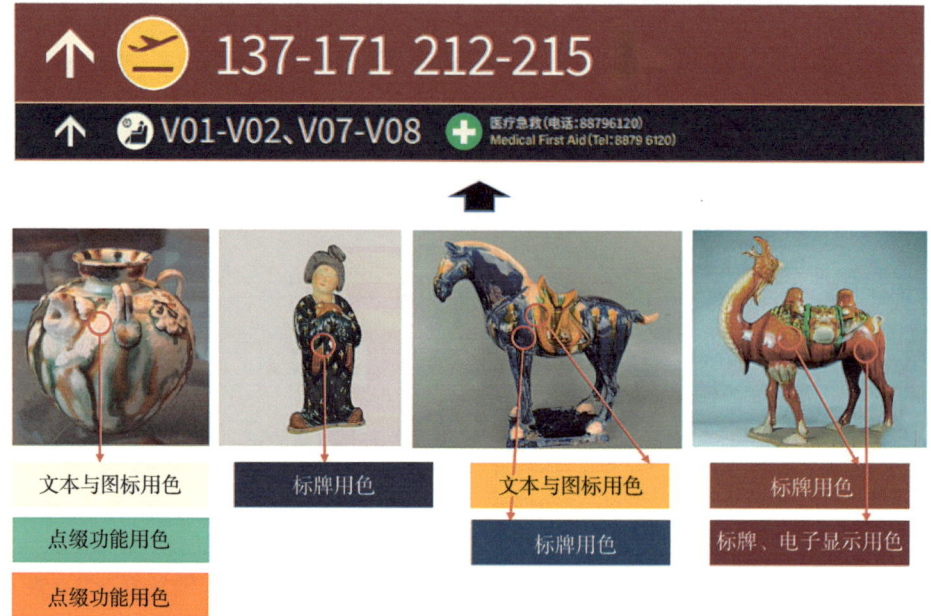

图 7-32　融入历史文化的标识系统色彩

化内涵，同时结合颜色对比关系，利用高对比度的色彩组合，在满足旅客观察清晰的基础上实现了色彩的跳跃性及丰富性（图 7-32）。

除此之外，在标识系统的外观造型和图标元素设计上，通过抽象化提取 T5 航站楼"重檐三叠，双坡双脊"和"Y"形支柱的意向，形成标志，并将其融入标识系统，使标识系统的造型与航站楼造型相呼应，提升标识系统的整体美感，从而通过视觉的不断重复与精细化设计加强旅客对 T5 航站楼的印象（图 7-33）。

7.2.2　智慧出行

智慧出行是指聚焦旅客的出发、到达及中转等全流程需求，借助移动互联网、云计算、大数据、物联网等先进技术，实现功能设施布局、人流量状态等环境信息的实时感知。本项目不断丰富旅客的各类智慧出行场景，建设了全新的旅客体验系统，通过数据应用，对不同类型旅客形成更精准的画像，进一步感知旅客、认识旅客，实现流程便捷、体验丰富的目标。旅客体验系

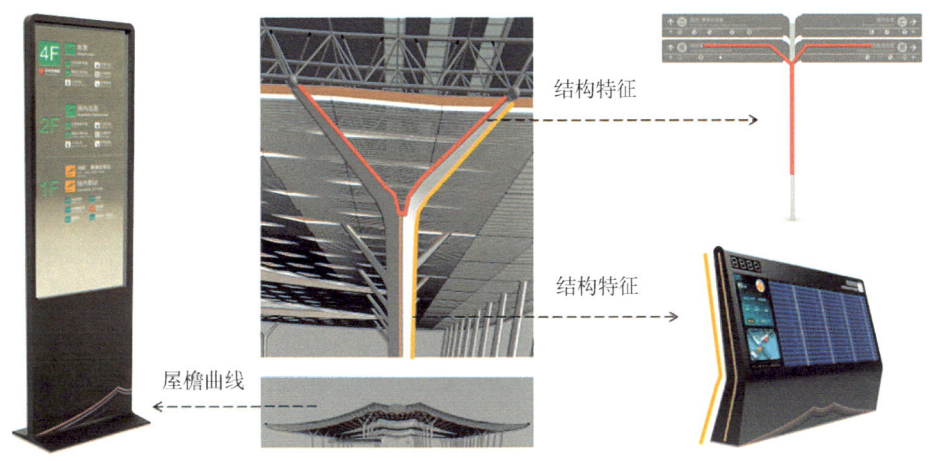

图 7-33　标牌造型设计示意图

统的服务类型主要有：上网管理、航班查询、会员服务、商业导航与服务、交通服务、反向寻车服务、信息推送、投诉建议等，该系统将实现旅客与机场之间的信息共享、实时互动，给旅客带来更好的出行体验。

1. 获取信息更加全面

通过旅客体验系统，在确定始发行程后，旅客可以通过公众号、小程序等，提前获取天气、乘机要求等各类提醒类服务和易安检、网上值机等各类预订类服务，实现足不出户即掌握全面的出行信息，将人性化服务在空间上拓展至航站区之外，在时间上将服务延伸至抵达航站楼之前，建立起与旅客更为紧密的关系。以预订车位为例，旅客体验系统会自动根据旅客的航班号帮助旅客提前规划从所在地到航站楼的出行路线，实现精准导航，在到达停车楼后，还可提供便捷的机器泊车服务（图 7-34）。

2. 服务体验更加便捷

T5 航站楼通过精准的室内导航服务、智能问询和智慧航显屏等，为旅客提供更加高效的旅客服务体验。例如随着航站楼室内空间越来越复杂，旅客的空间体验感越来越差，室内导航服务能够快速将旅客指引到安全检查通道、卫生间等各类功能设施；T5 航站楼内固定点位的智能问询、智慧航显，能够实现远程视频和刷脸路径导航，根据旅客候机时长和特征，针对性地推送航班动态信息、商业人文服务等，旅客可在享受服务的同时不必担心误机（图 7-35）。

小程序、公众号

提醒服务 (出发航站楼、天气、最新乘机要求、特殊乘机人规定、临时变更动态等)

预定服务 (机场大巴、网上值机、人脸验证、易安检、特殊旅客服务、商业增值等)

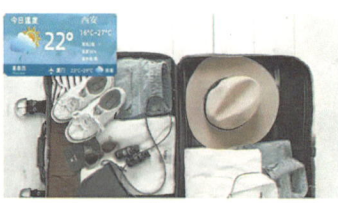

天气

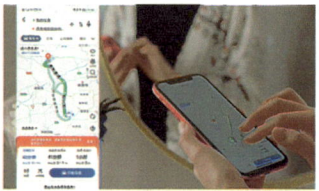

路径推荐

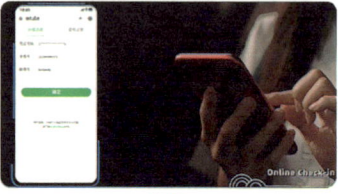

值机

爱心服务

图 7-34　便捷的信息获取途径

图 7-35　室内导航服务

3. 智能化机场停车系统

　　停车场管理系统包括 GTC 停车管理、社会车辆停车管理、社会巴士停车管理、长途巴士停车管理、货运车辆停车管理、ITC 停车管理、道口停车管理、商务贵宾停车管理、政要贵宾停车管理等，实现对入口车道和出口车道的控制。T5 综合交通中心停车楼设南北 8 个开敞式模块，5300 个停车位，30% 的充电车位，交通南北分区、双层进出、分层管理，达到运行高效，智能化控制。自动泊车系统、行李手推车系统、全覆盖的车库人行系统体现人性化设计，利用多个中庭自然采光、通风，降低运维成本，实现低碳节能。

7.3 旅客流程设施

旅客流程设施是机场流程流线中不可或缺的组成部分，主要包括旅客值机设施、行李托运设施、安全检查设施、海关检查设施、边防检查设施和登机设施和行李提取设施等。在T5航站楼规划设计中，根据旅客行为特点、流程节点布局、设备设施处理速度等因素，采用新技术、新设备，合理布置流程设施，有效保障旅客流程顺畅高效。

7.3.1 高速行李系统

在旅客流程中，行李系统主要负责旅客托运行李的传输、分拣、存储及管理等工作，其运行处理的效率、准确性、灵活性等因素直接影响旅客行李托运及提取的时间与旅客乘机体验。按照分拣模式，行李处理系统可分为人工分拣、自动分拣和自动＋人工分拣；按照行李传送与分拣技术的不同，自动分拣的行李处理系统一般可分为倾翻式托盘分拣机系统（TTS）和高速小车系统（ICS）（图7-36）。

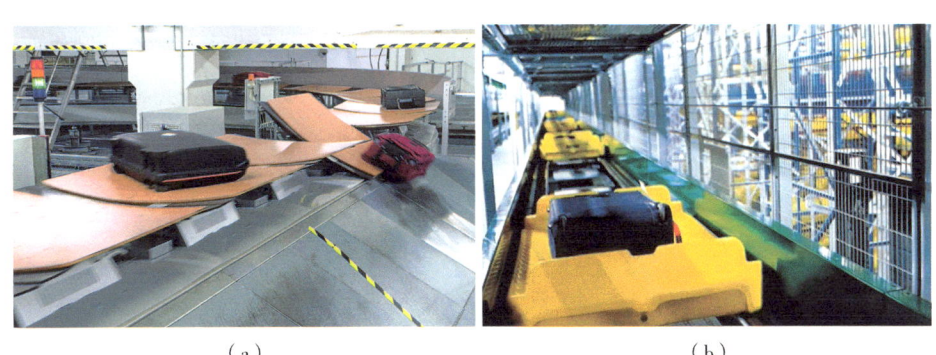

（a）　　　　　　　　　　　　　　　（b）

图7-36　侧翻式托盘分拣机系统（TTS）和高速小车系统（ICS）

（a）TTS；（b）ICS

在T5航站楼行李系统选型中，考虑更人性化的行李交运及提取服务，选用了ICS，同时保留极端情况下可人工分拣的功能。该系统有效避免了传统TTS行李流线单一、固定的问题，通过各托盘在固定轨道上相对"自由"

传输，实现输送及自动分拣有机结合，并通过高速行李小车相互分离的运行方式，单独引导小车通过复杂的传输网，提升了系统运行效率，也增加了系统的冗余性及可拓展性，同时独立托盘也减少了旅客行李的破损率。

提前解放双手，实现轻松出行。由于航站楼行李处理系统的存储能力有限，机场往往会在航班出港的 2~2.5h 前开始办理旅客值机和行李托运；而随着航站楼旅客服务的多元化及中转航班业务增加，越来越多的旅客会提前更早时间抵达航站楼，这部分旅客的托运行李便成为早到行李，到达航站楼后往往无法办理托运，极大降低了旅客在航站楼的乘机体验。为有效解决以上问题，T5 航站楼采用早到行李储存系统，让旅客进入航站楼后，第一时间将托运行李交运，真正做到乘机过程解放双手、轻松出行。与此同时，该系统还通过采用立库模式的高层货架来存储行李，提高了行李存储空间的使用效率，节省占地面积。另外，通过基于穿梭车的独特自动化系统，内置定位分拣功能，每件行李都可以在任何时候单独提取，无须再进入循环系统，实现托运行李的单独拿取、随存随走（图 7-37）。

行李实时追踪，减轻等待焦虑。旅客到港后，往往会因为长时间等待行李而产生焦虑情绪，部分旅客也会因为行李丢失而影响后续行程。ICS 通过托盘与托运行李的一对一绑定，每个托盘上精准的 RFID 射频识别，大幅度提

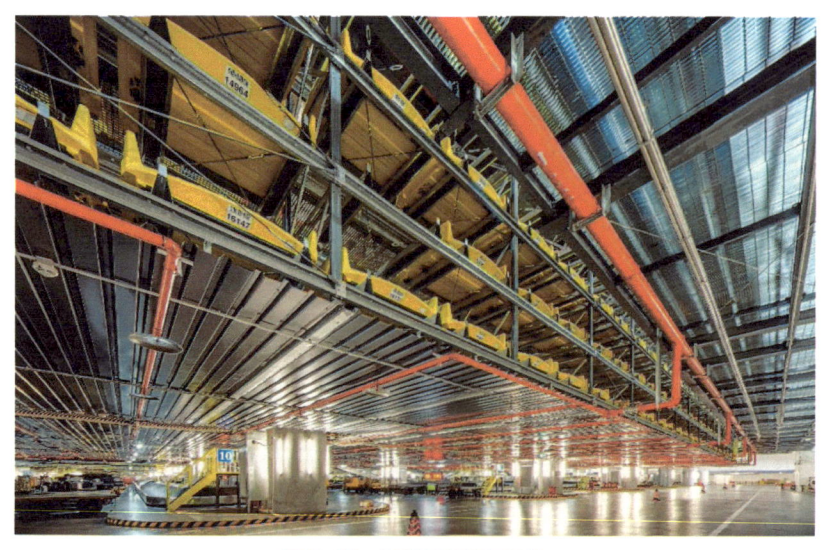

图 7-37　早到行李储存系统

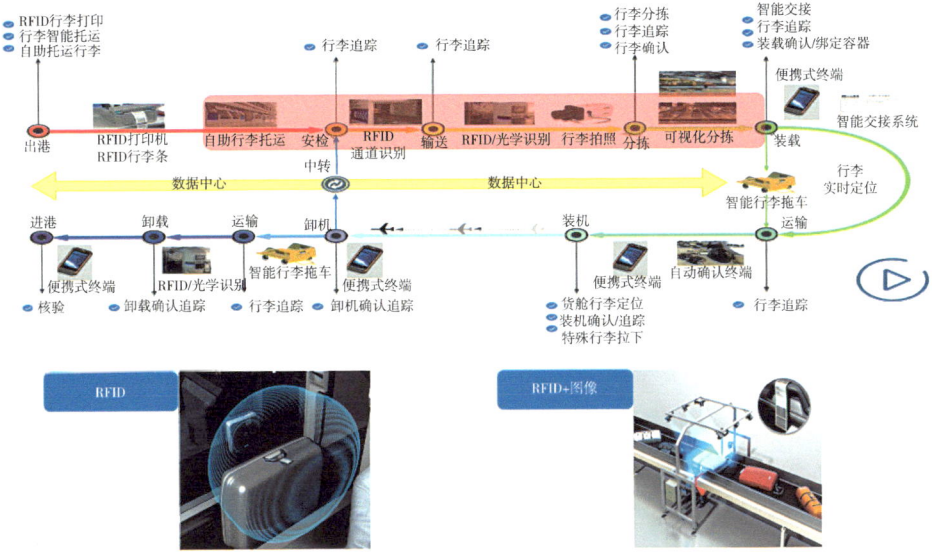

图 7-38 行李追踪系统

高行李在系统内的追踪精准度，更准确地预测行李在系统中的运行状态，同时旅客也能够通过小程序等查询行李当前的状态及位置，做到解除焦虑、心中有数（图 7-38）。经计算，ICS 的追踪率可达到 99.99%，而 TTS 的追踪率为 95%。以旅客出港高峰时段为例，假设高峰时段行李处理量为 187 件 /min，TTS 高峰时段有可能丢失行李的数量约 561 件，而 ICS 高峰时段可能丢失的行李数量不到 2 件。

传输速度快，航班截载时间缩短。航班截载时间是指在航班起飞前，停止办理登机手续的时间，通常在这个时间点之后，旅客将无法办理值机、托运行李等相关手续。设置航班截载时间是为确保机场和航空公司有足够时间完成航班行李装运、配载平衡等，航班截载时间缩短后，旅客将获得更充裕的值机时间，出行体验也进一步提升。T5 航站楼行李处理系统点多、线长，系统庞大，有 324 个行李交运柜台、37km 长的行李输送线，整套系统规模是现有西航站区 T3 航站楼的 4 倍，因此选用技术成熟且具有先进性的 ICS，该系统具有传输速度高的特点，可以达到 2~10m/s，是 TTS 的 2 倍以上，行李从值机柜台至出港转盘平均处理时间约为 7min，最快仅需约 5min18s 就可以完成，属同等规模机场领先水平。

ICS将大幅提高托运行李的后台处理速度，为机场缩短航班截载时间提供条件。

除此之外，对于机场来讲，ICS还具有较高的冗余能力和较强的可扩展性。具体来讲，T5航站楼在行李处理系统的各个关键节点设置了交叉跨线，例如每个值机岛的两条行李输送线路连接不同的主线装载站，同时每条线路设有交叉互跨线，确保一条主输送线路或装载站发生故障情况下的备份冗余（图7-39），不同颜色的线路代表了其连接的不同装载站，蓝色圆圈中设置了冗余跨越线。根据西安咸阳国际机场的远期规划，未来T5航站楼的行李处理系统需要处理T5航站楼与卫星厅的所有行李，因此该行李系统必须具备一定的远期扩展功能，而ICS是以模块化开展设计的，相对比较容易扩建。

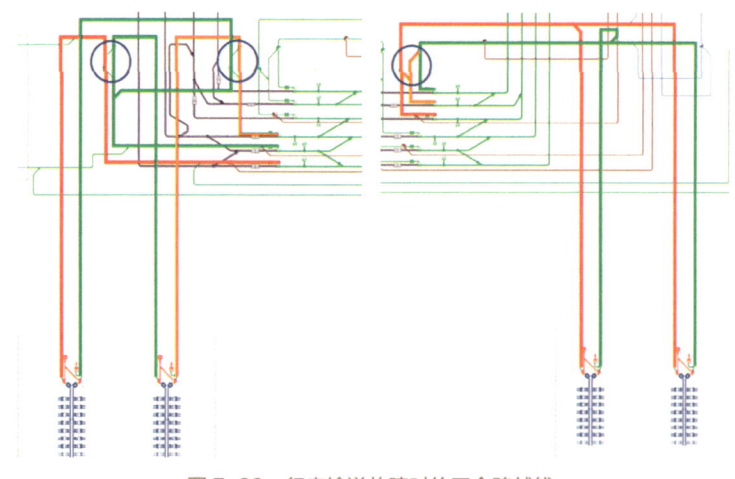

图 7-39　行李输送故障时的冗余跨越线

7.3.2 "无纸化"便捷出行

"无纸化"便捷出行可以分为自助值机出行和全流程无纸化出行两部分，自助值机出行是旅客通过航站楼内的自助值机设备和APP、小程序等第三方平台，自行完成旅客证件验证、座位选择等；全流程无纸化出行是旅客从购票、值机、行李交运到安检、登机等每个环节均未打印和使用纸质凭证，甚至是停车、临时乘机证明、购物等都采用电子化凭证，这也是"无纸化"便捷出行的最终目标。总体来看，"无纸化"便捷出行具有节约旅客时间、节省纸质凭证成本、节约机场硬软件投资等优势，根据 2021 年《中国民航"无纸化"便捷出行发展报告》，结合排队、选座、打印等流程的时间，"无纸化"便捷出行能够为国内航线旅客每次节约 1h，为国际航线旅客每次可节约 1.5h，同时在成本、低碳环保方面均有贡献。

T5 航站楼设计结合智慧机场建设理念，聚焦旅客全流程，通过云计算、大数据、人脸识别及自助设备技术等新技术、新设备应用，全面应用了自助值机、自助行李托运、自助安检验证、自助登机等设备，进一步提升机场的自助化水平，提高旅客出行效率。2030 年，T5 航站楼的自助值机（含场外值机）比例将会达到 95% 以上，自助托运行李的比例将达到 80% 以上。除此之外，本项目还在安检身份查验环节引入了自助安检验证系统，该系统应用人脸识别技术，结合一证通关和自助闸机，对旅客的登机牌或值机二维码、身份证进行核验并进行人脸拍照，实现身份比对，最终实现旅客的自助化安检验证。

7.4　交通服务设施

航站楼内旅客交通设施包括自动步道、自动扶梯与电梯等。在布置楼内各类交通运输工具时，根据航站楼高峰小时旅客量及设备基础承载量等客观条件，本项目从位置布点、间距、规格等方面，优化自动步道、自动扶梯、电梯等配置方案，整体呈现出多样、便捷的特征，最大化减少了旅客的步行距离和时间。

7.4.1　自动步道

自动步道属于楼内的平行交通工具，满足旅客在同一楼层的位置移动，主要分布在 T5 航站楼的指廊区域。在点位布置上，坚持登机口串联，即自动步道尽可能串联指廊各登机区域，实现自动步道与登机口的应连尽连，化解旅客在指廊区域长距离行走的难题；坚持功能区避让，自动步道的分布综合考虑了指廊商业、卫生间及登机口的位置关系，根据交通空间长度及用途，设置了 20m、35m、44m、50m 等 7 种长度类型，多尺度的自动步道可以减少自动步道对登机口、商业等功能区的阻挡，也避免长距离步道过度割裂指廊两侧空间。除此之外，为了减少旅客的步行距离，提高旅客的流程体验，T5 航站楼也增加了自动步道的密度，自动步道与指廊长度比值约为 3/5，相邻两个自动步道的平均间距为 63m（图 7-40）。结合机场航站楼人流量较大、旅客携带行李较多的特点，为保证携带行李的旅客能够方便、舒适地通过步道，T5 航站楼自动步道的净宽为 1400mm，在满足基本通行尺度的前提下保证了步道的双向通行（图 7-41）。

7.4.2 自动扶梯与电梯

自动扶梯与电梯属于楼内的垂直交通工具，满足旅客在不同楼层的位置移动，主要分布在 T5 航站楼陆侧区域。在点位布置上，与旅客流程结合

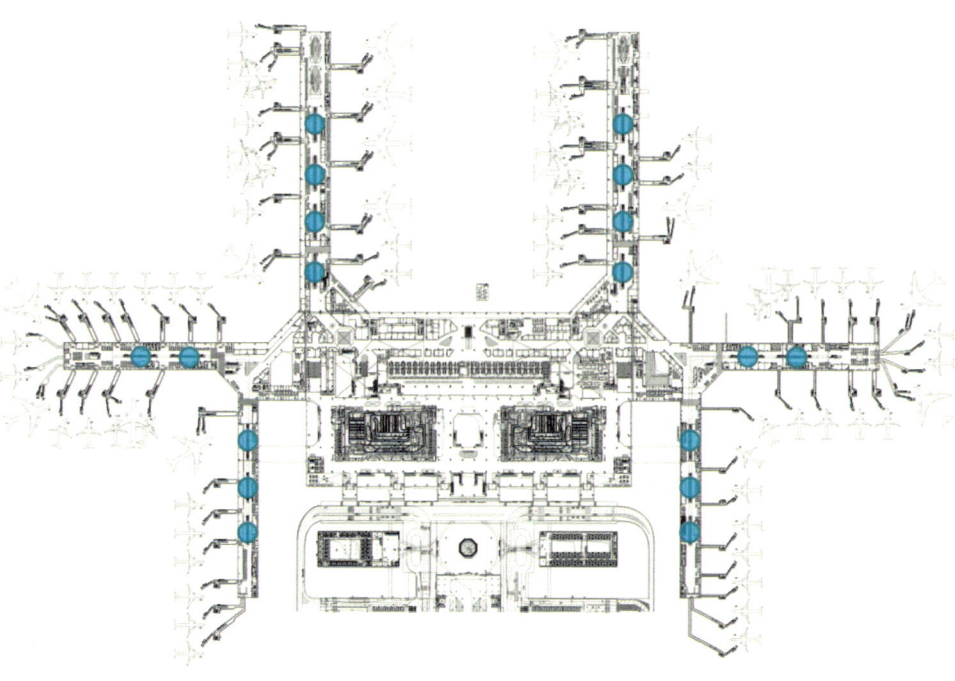

图 7-40　自动步道位置分布

图 7-41　T5 航站楼自动步道

紧密，T5 航站楼所有的自动扶梯和电梯均布置在旅客的主流程上，确保旅客能够很快发现其位置，同时自动扶梯的设置方向与旅客的行进方向保持一致，尽量避免旅客绕行乘坐扶梯。在电梯类型上，设置了 4 种不同类型的旅客直梯，数量达到 107 部，分别为陆侧 3.0t 深轿厢型电梯、陆侧 2.0t 标准型电梯和空侧 1.6t/2.5t 标准型电梯，且所有电梯均满足无障碍通行需求，以满足不同类型旅客对垂直交通工具的需求（图 7-42）。

7.5　员工关怀设施

追求幸福，快乐生活，享有美好生活，是员工的基本需求，也是建设人文机场的重要行动。本项目以让员工安心、员工舒心、员工欢心、员工称心为理念，将员工吃、穿、住、娱、行一体化的工作、生活需求落实在辅助生

图 7-42　自动扶梯与电梯

产生活建设中。在机场南侧规划超 190 余亩的南工作区，在机场东航站区规划约 47 亩的东工作区，集中布置职工公寓、综合服务楼、公安业务用房、联检单位业务用房、机场公司业务用房及信息中心等，共同满足机场公司及相关驻场单位的办公、运控指挥和食宿需求；在西货运区规划约 3.48 万 m² 的物流公司业务用房，主要满足物流公司员工的办公、食宿需求。同时，为满足飞行区一线员工的正常办公需求，本项目还在飞行区内设置了 5 个集中式的院落小区和 6 栋机坪保障用房，为一线员工提供高效、舒适、健康的工作和生活环境。

7.5.1　集中设置员工服务空间

当前，我国劳动力市场正发生新一轮重构，新生代劳动力已经登上奋斗的舞台，成为国家现代化建设的中坚力量，与第一代劳动力相比，他们思维活跃，对职业的期望值更高，更加注重生活品质的提升。员工生活品质涵盖了从生存到发展、从物质到精神的所有方面，因此提升职工工作生活环境，不断满足员工多元化、多层次的精神文化需求，才能让员工切实感受到"家"的归属感、温暖感和亲切感，构建和谐的劳动关系。

集中化。为满足员工多元化的生活服务需求，本项目建设了集中的员工

人文机场研究与西安实践

综合服务楼，总建筑面积 18795m²。员工综合服务楼位于本项目规划的集中办公区南工作区，毗邻员工驻勤楼，方便员工在休息时间就近购物、健身等。根据后期运行需要，员工综合服务楼还将设置集中的员工服务中心，一站式解决员工劳动关系管理、社会保障管理、医疗保险报销及员工意见反馈等。

多元化。员工综合服务楼地上 4 层、地下 1 层，其中四层主要设置智慧展厅、休憩厅等，三层主要设置清真餐厅、篮球场、羽毛球场、乒乓球室、棋牌室、员工活动室等，二层主要设置员工自选餐厅、瑜伽室及员工图书室等，一层主要设置员工大众餐厅、器械健身房等，地下一层主要设置了游泳馆、非机动车停车场等，室外还设置了足球场，形成了机场员工"24 小时"服务区，让员工不出机场便能享受到一体化的生活服务配套（图 7-43）。

图 7-43　员工综合服务楼效果图

7.5.2　合理规划员工生活保障设施

员工生活配套设施是保障员工在机场基本生活需要的必备设施，关系到员工的切身利益。本项目通过现代化的生活园区规划、管家一站式的员工驻勤楼服务、集中与分散相结合的员工餐厅设置等，合理规划员工生活保障设施，提升员工后勤保障品质。

现代化的生活园区规划。本项目集约利用土地，在机场南侧规划了近10万 m² 的员工生活区，其中包括2栋合计5.9万 m² 的员工驻勤楼和2.2万 m² 的地下停车场，与员工综合服务楼整体形成一个集驻勤、餐饮、服务、文体娱乐于一体的现代化生活园区（图7-44）。该园区周围道路及生活配套完善，交通条件优良，距离空港新城地铁站400m，南侧1km范围内规划有空港新城南区医院、公园用地等，且与东、西航站区均有便捷的公路交通联系。

图 7-44　员工生活园区效果图

管家一站式的员工驻勤楼。为提升员工生活品质，两栋员工驻勤楼设置了970间宿舍，采用四人间、两人间布置。首层设有公寓管家服务台、快递点、便利店、洗衣房、美发店等生活服务设施，满足员工24h的生活需要。除此之外，各层公共区域设有生活服务间、洗衣晾晒区，服务间布置了吧台、操作台，后期为员工配置冰箱、微波炉、饮水机、咖啡机等家用电器。宿舍功能分区明确，设有睡眠区、储物收纳区、阅读区及独立卫浴间，为员工生活创造了较为舒适的休息空间（图7-45）。

集中与分散相结合的员工餐厅。结合机场辅助生产生活设施规划，本项目在西货运区、南工作区驻勤区、东工作区设置三处集中式员工餐厅，分别

图 7-45　员工驻勤楼服务间效果图

保障航空物流区、机场生活区、机场工作区等区域员工的就餐需求。在就餐类型上，充分考虑了不同民族、不同需求的员工就餐需要，设置了大众餐厅、清真餐厅及自选餐厅等。另外，为满足一线员工的就餐需要，还在飞行区、航站楼、公安业务楼等设置了分散的员工餐厅，方便一线员工就近用餐。

7.5.3　全面美化员工工作环境

为提升员工的工作效率，本项目通过优化空间布局，改善物理环境，完善配套设施等，为员工营造一个安全、健康、舒适的工作氛围，提高员工的工作积极性和满意度，促进机场的可持续发展。

优化空间布局。结合不同工种的工作性质和员工的工作流线，科学规划各类办公建筑的内部空间布局，确保空间布局合理，便于员工高效工作。例如办公楼大多采用开敞式办公空间，开敞式办公室空间开敞，多用低矮隔断分隔办公桌，限定性和私密性较小，强调与空间环境的交流、渗透，因此在心理效果上，开敞空间常体现为开朗、活跃的空间，有利于加强同部门员工的沟通，提升沟通效率。除此之外，结合不同楼层办公室数量和办公人数，还在办公楼内分散设置了大、中、小等不同规模的会议室等配套设施，提高了会议室的使用效率和员工的工作效率。

改善物理环境。结合机场所处区域的光照资源分布，本项目科学设计办公楼的建筑体形，有效控制建筑体量，降低体形系数。根据功能需求，办公楼多采用南北向布置，确保大部分房间有良好的采光和通风。另外，绿化景观也是优化工作环境的一项重要工作，绿化不仅能改善园区的自然环境，还能对缓解员工的身心疲劳，本项目在南工作区、东工作区沿办公楼布置大量的绿化景观和休息座椅，为办公人员提供了舒适的工作环境，同时也能烘托出文化意境。除此之外，对于航站楼内的办公空间。一般来讲，在航站楼空间资源分配中，机场往往会将光照资源充分、通风条件较好的空间资源优先分配给旅客，而员工的办公、值班等后勤辅助空间相对较小，且采光、通风条件有限，T5 航站楼通过设置内庭院、建筑挑空等措施，改善了员工办公区域的内部空间感受。例如 T5 航站楼地下一层（-6.5m）的办公空间，通过沿航站楼主立面方向设置连续的下沉庭院，为内部办公区带来了采光及自然通风，有效改善了员工的工作环境。除此之外，为避免噪声、振动对员工工作环境的影响，行李处理区、机房、机坪等噪声源、振动集中的区域，优先选用了低噪声、高效率的设备，设置隔声墙、隔声门等隔声设施，采用橡胶垫、减振弹簧等减振材料，降低噪声、振动的传播和干扰。

完善配套设施。为提供更加优质的工作环境，提高员工的工作效率，本项目还不断完善办公楼的辅助配套设施。设置办公休息区，提供沙发、茶几、饮水机及简单的健身器材等服务设施，让员工在紧张的工作之余能够放松身心；选用符合人体工程学的办公桌椅等设备，确保员工在工作时间能够保持正确姿势，减少身体疲劳感；为满足员工多元化的交通出行方式，在机场各类办公、生活场所设置大量的机动车位和非机动车位，其中还设置充电车位，充电车位占比达到 30%。另外，在运控指挥中心、飞行区等一线保障单位设立员工备勤室和淋浴房，进一步完善了一线工作人员的值班环境，确保员工在备勤期间能够得到良好的休息。例如，为满足飞行区一线员工的生活配套需求，在飞行区内设置了 5 个建筑小区，采取院落式布局，配备了停车设施（充电桩）、餐厅、洗浴设施、卫生间、绿化等多功能空间。

7.6 小结

服务设施在人文机场建设中至关重要，是旅客体验服务的关键。人性化的服务设施不仅能够提升旅客幸福感，还可以展现机场的人文关怀与城市文明。本章通过优化基础服务设施、公共信息系统设施、旅客流程设施、交通服务设施、员工关怀设施五个方面的建设内容，全面阐述本项目如何通过精细化设计，提升机场服务品质，满足旅客多元化需求，构建更加人性化的机场服务环境。

第 8 章　丰富多元的服务产品

民航服务产品是指旅客在整个航空流程中，接受机场、航空公司提供的各项服务总和，包括但不限于文化、商业、贵宾、行李、交通、保险等。按照是否单独收取费用，航空服务产品可分为公益性服务产品和收益性服务产品。例如文化展示等属于公益性服务产品，而商业、贵宾等则属于收益性服务产品。按照与航空的关联度，民航服务产品可分为航空服务性产品、航空延伸性产品、非航服务产品，其中值机、安检等属于航空服务性产品，交通、行李寄存等属于航空延伸性产品，而商业、广告则属于非航服务产品。本章着重探讨机场的商业服务设施，包括零售（含免税品）、餐饮、休闲、娱乐、文化展示等，贵宾、行李、保险等不在本章探讨的范围。

8.1　前置开发项目定位

定位是项目开发的灵魂，对项目开发规模的确定、产品业态的规划、空间环境的优化等都具有指导意义。近年来，随着旅客消费需求的日趋多元化，特别是在传统文化复兴的大背景下，机场商业服务设施规划面临诸多挑战，因此如何精准确立 T5 航站楼及综合交通中心的开发定位，成为本项目的重点。

8.1.1　开发有利条件

机场商业服务设施最早出现在英国机场集团的航站楼中，经过近三十年发展，航站楼商业已成为一种普遍现象，部分知名机场甚至将航站楼打造成为集吃、穿、行、游、购、娱于一体的综合性场所。相较城市商业，机场商业开发具有一系列的优势。首先，依托机场的交通集疏运功能，拥有大量的聚集人群，对于品牌宣传，特别是针对高消费人群的宣传，价值非常高；其次，提供多样的业态服务，旅客和迎送人群可在旅途等待时顺便完成必需的生活类消费，有效提高旅客及迎送人群的时间利用效率；再次，机场作为城市窗口，通过内装设计、景观小品设计、文化艺术展示、文创产品开发等，既能体现地域文化特色，也能满足往来人群的文化体验需求；最后，机场还能满足交通人群的其他复合型需求，例如提供住宿、会谈、旅游集散、图书馆、博物馆等服务项目。

8.1.2　开发定位

STP 营销战略，又称目标市场定位营销战略，由市场细分（Segmentation）、目标市场选择（Targeting）、市场定位（Positioning）三部分组成，该理论的根本要义在于确定目标消费客群，让企业的产品找准服务方向，在目标消费者心中占据独特位置（图 8-1）。因此，依据 STP 目标市场定位营销战略，T5 航站楼及综合交通中心完成了其开发定位。

图 8-1　STP 营销战略

市场细分。依据行为、人口、地理三个主要因素，本项目将机场商业的消费客群进行了细分。例如根据行为因素，将主要消费客群分为旅客、迎送人群、机场工作人员、周边居民及其他偶得客群等；根据人口因素，将消费客群划分为 18 岁以下、19~23 岁、24~30 岁、31~40 岁、41~50 岁、51~60 岁、60 岁以上 7 个年龄层次；根据地理因素，考虑机场商业对周边消费人群的吸引力，借鉴商圈理论，将机场商业的辐射范围分为核心商圈、次级商圈和边缘商圈，同时考虑机场的实际交通状况，参照麦科伦的"客源覆盖范围界定模式"，提出核心商圈分布在以项目为中心的 5km 范围内，次级商圈处于核心商圈外围，距离项目 5~10km，边缘商圈处于项目 10km 范围外。

目标市场选择。结合不同消费群体的消费行为及相关统计指数，将机场商业的目标消费客群聚焦在 19~50 岁的旅客、迎送人群和核心商圈居民。首先，19~50 岁的旅客是机场商业消费的重要组成部分，占比达 68% 以上，该部分人群有强烈的自我消费意识和消费能力，强调文化旅游业态的体验性与参与感，注重消费业态的多样性、创新性及商业体验的主题、参与性，同时也对消费时间要求较高；其次，核心商圈居民主要指距离航站楼 5km 范围内的消费人群，该区域主要为机场临空区和空港新城综合商务区，开发时间较晚，商业开发较慢，缺乏相对成熟的商业设施，同时该部分人群主要为机场、航空公司等驻场单位工作人员，通过场内的公共交通可来往航站楼。

市场定位。市场定位应有主题和创新，能够统领机场商业的规划、设计、招商及运营全过程，且能够与潜在竞争者区分。通过对目标市场消费群体的分析，结合机场发展愿景，首先提炼出"时间""文化""体验""空间""服务""价值""科技"这几个关键词；进而凝练成三个特征，即"超越时间"：缩短旅客购物时间、缩短航空流程时间，提供完善的枢纽配套商业服务；"超越空间"：把西安的历史与未来相结合，创新文化展示形式，提供旅客喜闻乐见的文化项目；"超凡体验"：运用先进设计理念，创新商业业态，提供卓越服务。基于上述三个特征，本项目提出以"超凡体验"为核心，打造"城市度假"航空港，强调为机场周边客群、机场中转客群提供高品质的微旅游休息地；打造文化社群聚集地，融入西安传统文化元素，开启博物馆奇妙之旅，注重社群经济的打造；对标时尚商业综合体，将航站楼打造为独特业态的商业综合体。最终将 T5 航站楼和综合交通中心打造成为一座航站服务综合体（图 8-2）。所谓"航站服务综合体"，是指依托航站楼及综合交通中心等建筑群，在满足航空服务功能的基础上，根据旅客、迎送客人群的消费需求，提供零售、餐饮、休闲、娱乐、体验式项目、人文艺术展览、会展、商务办公、文博展示等综合性项目的商业集合体。

➤ 城市度假：辐射区域内客群微旅游目的地、远途旅游的中转站。
➤ 航空港：业态上凸显航空属性及航空特色。

➤ 文化聚集地：凸显区域特色，承载历史文化。
➤ 社群聚集地：聚焦社群经济，打造多元化群体交互空间。

➤ 时尚商业：集合潮流时尚商品，彰显国际门户的魅力。
➤ 综合体：完善功能服务，给旅客超凡的舒适体验。

图 8-2　T5 航站楼及综合交通中心的商业定位

8.2　精准预测项目体量

项目体量是衡量项目开发规模的一个重要指标。项目体量体现出消费者的市场需求量，因此要结合项目所在地的人口规模、消费习惯、城市发展水平和城市消费水平等众多因素确定，而人群覆盖范围和人流量是预测商业体量的重要前提。

8.2.1　项目客群流量预测

对于西安咸阳国际机场来讲，随着铁路、城市轨道和其他交通方式在机场的逐步整合，机场商业的辐射能力大大加强，除服务于旅客、迎送人群外，机场员工、临空产业区人群也逐渐成为机场商业的覆盖人群。按照前期的目标市场选择，T5航站楼和综合交通中心的商业覆盖人群包括旅客、迎送客人群、机场从业人员、5km范围内的临空产业区人群及其他偶得客群等。结合机场及周边区域的人流量预测，初步测算出商业覆盖人流量（表8-1）。

商业覆盖人流量测算 表8-1

客群种类	预测人流量（人次／年）	备注
进出港旅客	50000000	按照本项目2030年旅客吞吐量预测
迎送旅客人群	5000000	按照本项目业务量预测惯例，迎送人群占旅客数量的10%
机场从业人员	15870	按照西安咸阳国际机场2030年驻场工作人员预测数据
临空产业人群	33522	机场周边5km范围内2030年人流量预测

目前，城市商业综合体常用的商业体量测算方法主要为人群需求法，即通过项目辐射范围内消费者的商业需求度，推算项目体量；而对于航站楼商业来讲，常用的项目体量测算方法为机场对比法，即对比同类型机场和行业指导意见，确定项目体量（图8-3）。

本项目通过人群需求法和机场对比法分别计算相应的商业体量，其商业计租面积分别为50097m²、55000m²；通过加权平均法，计算出商业计租面积为52058m²。同时，考虑到博物馆等文化展示空间需要，进一步优化航站楼空侧、陆侧商业布局，最终将整体商业计租面积确定为57000m²（含文化

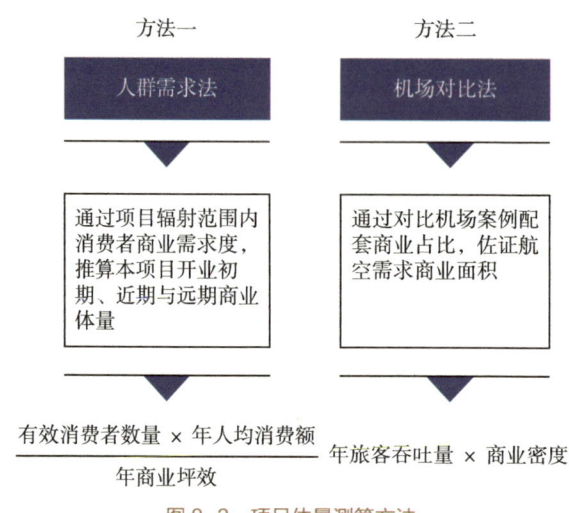

图8-3 项目体量测算方法

展示空间），商业面积占比为 7%。通过对比国内机场商业面积配比和人均商业面积，本项目整体商业体量相对较高，这主要是考虑到主题类、体验类商业业态逐渐成为未来机场商业的主要形态，且相比较传统的零售、餐饮业态，该部分业态往往需要更大的面积，便于提供多元化、创新型的文化主题展示。

8.2.2 分阶段开发策略

结合机场客流量逐步增长的情况及商业市场的不确定性，为避免商业开发面积与客流不匹配，T5 航站楼及综合交通中心拟采用"一次规划、分期实施"的策略，结合旅客吞吐量对商业面积做分期开发（表 8-2）。

商业面积分期开发

表 8-2

预测阶段	旅客吞吐量（万人次／年）	T5 航站楼商业运营面积（m²）	GTC 商业运营面积（m²）	总商业面积（m²）
一阶段	3000	28000	2000	30000
二阶段	4000	34000	6000	40000
2030 年（近期）	5000	45000	8000	53000

注：商业面积不含文化展示空间面积。

8.3 科学规划项目业态

商业业态是商品或服务的种类，按照功能，一般可以分为零售、餐饮、休闲娱乐及服务体验等。业态规划是机场商业规划阶段应重点考虑的内容，科学合理的业态结构，可以形成强大的核心竞争力，激发机场的商业活力，满足目标消费客群多元化的消费需求，提升机场的商业影响力，实现机场商业的可持续发展。

8.3.1 业态类型

通过对大型枢纽机场业态组合进行分析可知，机场业态发展主要有以下趋势：在业态种类上，儿童、文创、新零售、特色餐饮等体验型、创新类商业业态是未来发展的趋势，这是因为创新型业态具有强大的目标客群，能够聚集人气，拓宽客流，提高项目的商业价值；在业态组合上，零售类业态依然是机场商业的主要部分，休闲服务类业态占比不断增加，大型连锁类餐饮品牌在机场不断出现；同时，大型主力店逐渐成为机场商业主流，主力店能够带动周围商业店铺的客流量，对整个项目的品牌定位起着至关重要的作用。为此，在商业业态规划中，本项目充分理解旅客、迎送人群等不同类型顾客的需求，将商业业态分为常规业态、特色业态及创新业态三大类型，整体呈现出多元化的业态结构。

常规业态：是目前机场最常见的免税、零售、餐饮和服务业态，该部分业态是旅客在机场最需要的业态，也是未来机场非航业务收入的主要来源，该部分业态空间规划布局非常具有既定市场规律，是最成型和成熟的部分。

特色业态：是机场根据其自身特色，成功打造的具有独特性的业态，这些业态具有独特的地域性、民族性，是其他机场无法复制的。例如，西班牙的巴塞罗那机场有巴塞罗那足球俱乐部粉丝店，专门售卖球星球衣、足球用品等周边产品。本项目充分研究了机场得天独厚的人文元素，充分发挥外部资源优势，提出一系列具有西安特色的业态建议，例如博物馆、图书馆、文创延伸产品等。

创新业态：是本次规划的新亮点，作为典型的流量经济体，机场商业有其既定的线下模式，同时利用机场天然的人流、物流、交通等优势，也可发展线上业务。因此，本项目创新商业业态，以"传统实体商业＋线上推广渠道"为思路，拟引进京东旗舰店、腾讯游艺馆、网易会客厅等线上线下融合业态。

8.3.2　业态结构

结合消费客群需求，本项目科学规划商业业态，T5航站楼及综合交通中心各商业业态配比均衡（表8-3、表8-4），其中零售占41%、餐饮占42%、休闲服务（含特色业态、创新业态）占11%、免税占6%。与大型枢纽机场相比，本项目的休闲服务业态占比符合未来航站楼商业业态发展的趋势（图8-4）。

2030 年 T5 航站楼不同业态商业面积（m²）　　表 8-3

位置		重餐饮	轻餐饮	零售	免税	服务	小计
20.5m	陆侧	988	—	—	—	2213	3201
	空侧	—	—	—	—	—	—
14.5m	陆侧	970	257	392	—	373	1992
	空侧	2553	719	3419	2479	640	9810
7.5m	陆侧	4126	767	1419	—	2345	8657
	空侧	3572	1615	11206	—	150	16543
4.2 /2.2m	空侧	37	—	48	—	—	85
	陆侧	—	—	—	—	—	—
0.5m	陆侧	517	462	357	—	56	1392
	空侧	598	184	700	856	—	2338
-6.5m	陆侧	733	—	235	—	—	968
	空侧	—	—	—	—	—	—
合计	陆侧	7334	1486	2403	0	4987	16210
	空侧	6760	2518	15373	3335	790	28776
总计		14094	4004	17776	3335	5777	44986
占比		31%	9%	40%	7%	13%	100%

2030 年 T5 综合交通中心不同业态商业面积（m²）　　表 8-4

位置	重餐饮	轻餐饮	零售	服务	小计
14.5m	—	—	200	—	200
8m	2368	203	3222	—	5793
1.5m	2278	302	1498	160	4238
-4.5m	281	219	705	127	1332
-9.75m	—	137	194	—	331
总计	4942	861	5819	287	11894
占比	42%	7%	49%	2%	100%

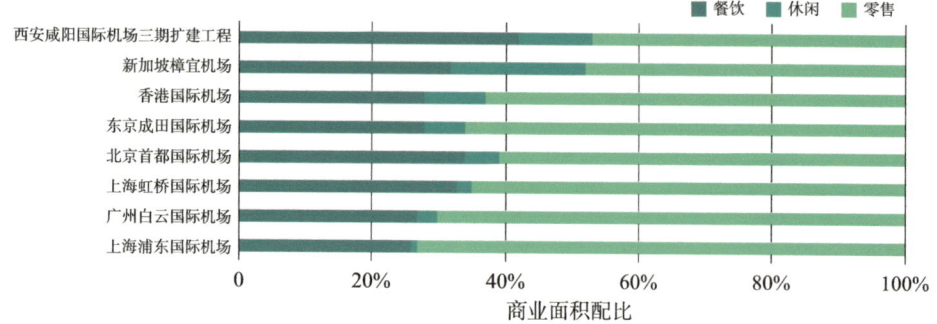

图 8-4　各大机场的商业面积配比对比图表

8.3.3　业态规划

高品质业态集中。即实现机场商业品牌形象的高端化，利用机场自身品牌价值，积极推进首店经济、首发经济，吸引一线奢侈品牌、时尚潮流品牌、地方特色产品等在机场设立旗舰店铺，打造机场专属商业品牌形象，形成品牌形象上的差异化优势。前期市场调研发现，高收入旅客（年收入在 60 万元以上）是机场高端餐饮、零售的重点服务对象，虽然该部分旅客占比较小（6%），但消费能力强，产生的零售销售额要远高于剩余 94% 的消费旅客的所有销售额总和，因此通过为高端客群配置更多、更高品质的高端商业品牌，可以促进商业销售额的大幅提升。例如本项目在 T5 航站楼二层（7.5m）空侧规划出一条高品质商业街，重点打造国际一线奢华品牌商业业态，从街道尺度、立面店招、装饰及材质、灯光氛围等方面共同打造商业氛围浓郁、品牌定位高端的时尚商业空间（图 8-5）。

创新型业态成为亮点。一般来讲，产品主要由基本价值和附加价值两部分组成，附加价值是在产品原有基本价值的基础上产生的新价值，包括技术附加价值、服务附加价值、文化与品牌附加价值等。随着新技术的不断发展，产品的核心功能日趋同质化，消费者更看重超越商品本身的附加值，因此文化＋商业、新技术＋商业逐渐成为一种发展趋势。前期市场调研结果显示，近 50% 的旅客希望增加文化体验业态，虽然这部分业态不一定能够带来租金收入，但能有效增强旅客满意度；89% 以上的旅客希望将航站楼打造为多元、丰富的商业综合体（图 8-6）。因此，T5 航站楼夹层（20.5m）的商业空间引

图 8-5　T5 航站楼二层（7.5m）空侧一线品牌商业街效果图

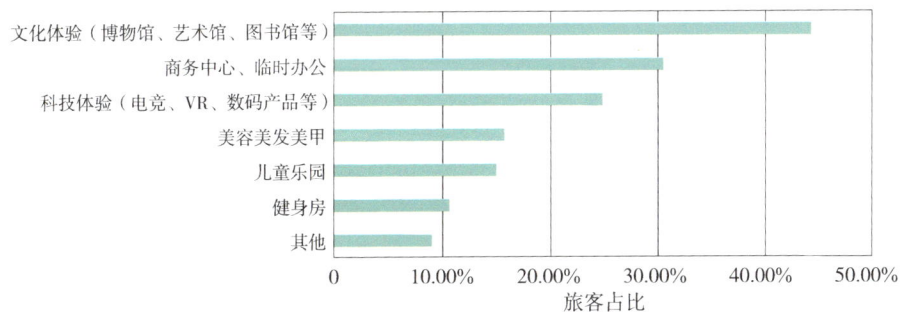

图 8-6　T5 航站楼商业业态前期市场调研

入宫阙概念，通过科技、文化等手段营造主题空间，提高商业的文化附加值，满足旅客对城市记忆留存的消费需求（图 8-7）。

8.4　合理布局商业空间

　　商业布局是指对航站楼内不同商业业态进行空间布置。科学合理的商业布局可以提升商业价值和商业利用率，满足目标客群的购物需求。对于机场商业而言，旅客是最主要的消费客群，而对于旅客，特别是对于首乘

图 8-7　T5 航站楼夹层（20.5m）的商业空间

旅客[①]，进入航站楼后，从值机办票到候机登机，整个航空出行过程是一个倍感压力的体验，也就在所难免地忽略商业消费。因此，在合适的位置布局最合理的商业业态，是机场商业成功的关键。T5 航站楼和综合交通中心结合旅客动线和客流量，合理布局不同业态、不同区域的商业空间。

8.4.1　商业布局特点

商业与人流契合。不管是城市商业综合体，还是航站楼商业，人流量都是产生商业价值的关键，因此 T5 航站楼及综合交通中心以人流量为依据，在人流量密集的区域设置商业核心区、商业中庭和商业大街，例如结合旅客人流量测算，T5 航站楼二层（7.5m）规划多处商业集中区（图 8-8），考虑到未来每年大约有 1100 万人次的国内出发旅客会从二层（7.5m）车道边进入T5 航站楼，因此航站楼二层入户门厅区域规划了一个"中"字形商业广场，主要设置国货精品、陕西特产等。

---

① 首乘旅客是指首次乘坐航班或首次从某个城市出发不熟悉机场环境的旅客。

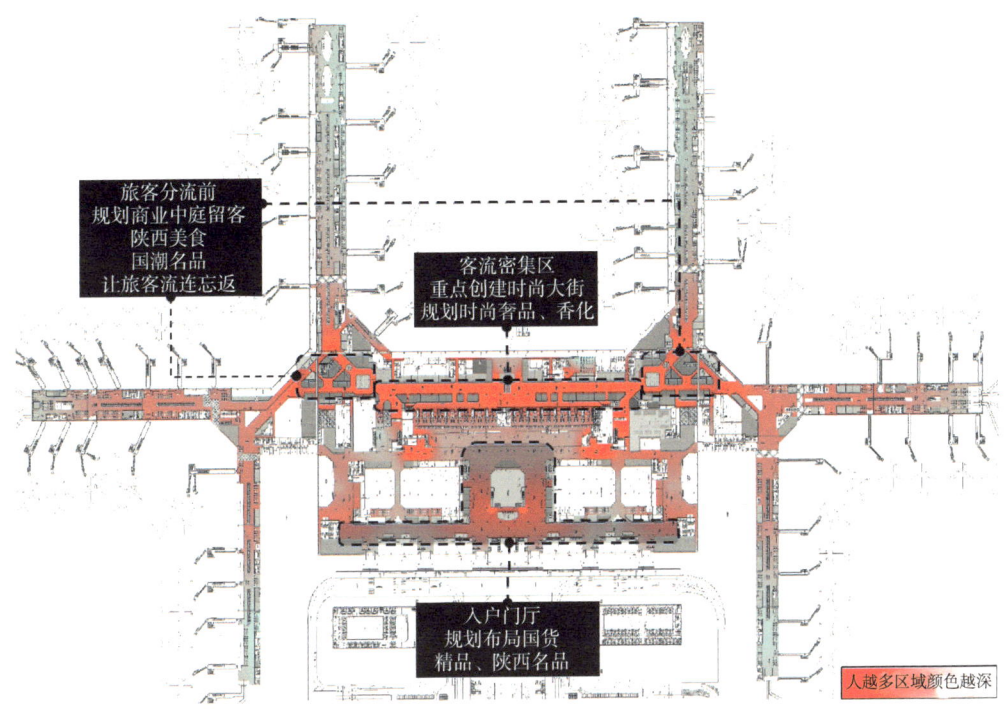

图 8-8　T5 航站楼二层人流量与商业布局示意图

　　商业与流程结合。与城市商业综合体相比，旅客流程的便捷永远是第一位的，因此商业设施要结合旅客流程布局，尽可能实现商业动线与旅客流程的契合，有效增加商业店铺的可达性和曝光度。在充分研究旅客及其他客群动线后，T5 航站楼及综合交通中心在旅客主要流线周边规划了充裕的商业设施，将偏离旅客流程的区域布置了办公、机房、卫生间等功能设施。例如，将出发免税商业布置在航站楼三层（14.5m）国际免税广场正中心，到达免税商业布置在航站楼一层（0.5m）边检后的大厅内；同时，零售店铺采取线性布局，布置在航站楼国际、国内旅客必经之路两侧，最大化提高商业店铺的曝光度。

　　充分发挥高需求业态的引流作用。对于消费者来讲，高需求业态主要包括主力店、餐饮及特色型商业业态。具体表现在：T5 航站楼二层（7.5m）空侧设置一线品牌商业大街，将主力店、非主力店间隔布置，通过主力店铺的引流作用，提升非主力店铺的人流量；T5 航站楼夹层（20.5m）设置博物馆等文化项目，该层并非旅客流程的必经区域，通过文化项目提升人流量。

8.4.2　商业布局与主题商业空间规划

商业布局与商业空间规划往往是同步推进、不可分离的，其好坏不仅直接影响旅客的空间感受，还影响机场的形象展示及旅客的消费欲望。在商业布局中，T5航站楼将旅客流程与商业布局有机结合，形成完整的商业空间结构，即国际候机区形成"一心两翼"的商业结构，国内候机区形成"一核两街双中庭"的商业结构，陆侧出发大厅形成三层（14.5m）、二层（7.5m）两层商业环路，T5航站楼到达厅与T5综合交通中心实现商业的互联互通（图8-9）。接下来，本节将重点阐述T5航站楼三层（14.5m）国际候机区、二层（7.5m）国内混流区的商业布局及主题空间规划。

"丝路荟萃"免税广场。 T5航站楼三层（14.5m）空侧为国际候机区，结合国际出发流线，本项目形成"一心两翼"总体商业构型，即在安检、海关及边检流程后，设置了一个集中免税商业广场，总商业面积3716m²，以"丝路荟萃"为主题，主要布局国际知名的烟酒、化妆品、食品、精品零售品牌及地方特色的高端工艺品，通过集中的免税商业布局，方便旅客能够第一时间感受到多元化的免税商业氛围，实现国际旅客消费力的充分释放（图8-10、图8-11）。除此之外，本项目还在航站楼南、北指廊区设置了零售、餐饮等有税商业，以满足旅客在登机前必要的就餐和消费需求。

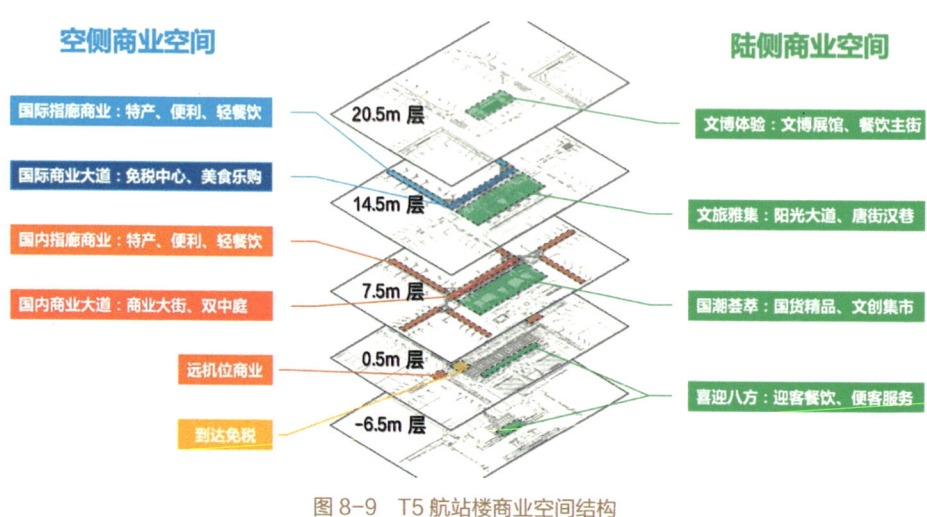

图8-9　T5航站楼商业空间结构

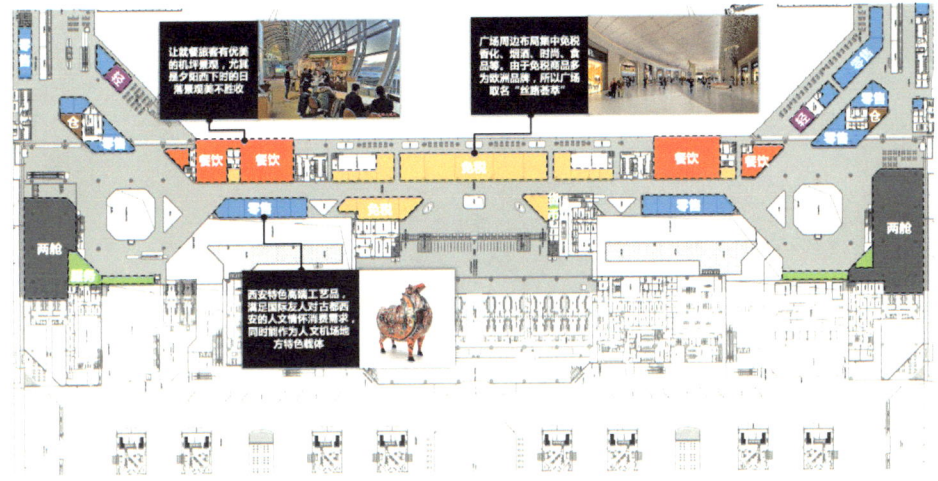

让就餐旅客有优美的机坪景观，尤其是少见西下时的日落景观美不胜收

西安特色高端工艺品，满足国际友人对古都西安的人文情怀消费需求，同时创作为人文机场特色载体

广场周边布局集中免税香化、烟酒、时尚、食品等，由于免税商品多为欧洲品牌，所以广场取名"丝路荟萃"

图 8-10　T5 航站楼三层（14.5m）空侧集中免税广场商业布局

图 8-11　T5 航站楼三层（14.5m）空侧集中免税广场商业效果图

"未来长安"科技广场。 T5 航站楼二层（7.5m）空侧为国内到达和出发混流区，整体呈现"一心双街两中庭"的哑铃形商业构型。旅客通过安检后，首先呈现出来的是一个零售核心广场，该广场以"未来长安"为主题，通过 VR、AR 等互动体验技术，打造未来长安的科技与景观体验，同时围绕中心广场布局了国际一线的化妆品品牌、休闲咖啡、茶饮等，不仅能够从视觉上

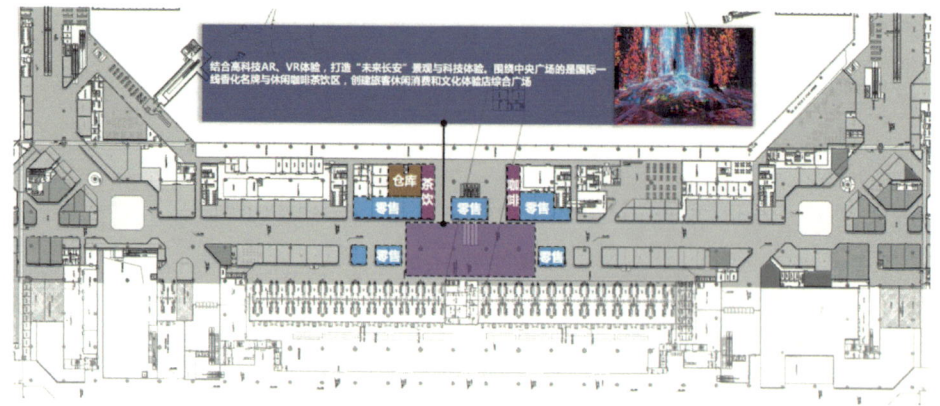

图 8-12　T5 航站楼二层（7.5m）国内混流候机区"未来长安区"商业布局

提升商业形象，同时可以使店铺获得更多曝光度，最终为旅客创造一个休闲消费和文化体验综合广场（图 8-12）。

"盛世丝路"奢华品牌商业街。国内出发旅客通过"未来长安"科技广场后，分别向南、北两个方向分流，接下来呈现给旅客的是高大、开阔的商业街，以"盛世丝路"为主题，采用线性商业布局，是机场重点打造的国际一线奢华品牌商业街，未来计划引进国际知名一线零售品牌，其高大、优雅的形象将为机场带来优异的旅客体验和收益回报（图 8-13）。

图 8-13　T5 航站楼二层（7.5m）国内混流候机区"盛世丝路"商业区效果图

最后，南、北两个中庭是旅客分流到各指廊前最重要的商业空间，以"汉唐风韵"为主题，围绕旅客流线布局多元化的零售、餐饮和体验跨界业态等，例如特色精品书店、唐装汉服体验馆、陕西美食等主题特色店铺，同时结合中庭区域的景观小品、座椅休息区等服务设施，为旅客营造富有趣味、造型变化的空间环境，减少旅客疲劳感，吸引人流经过（图8-14、图8-15）。

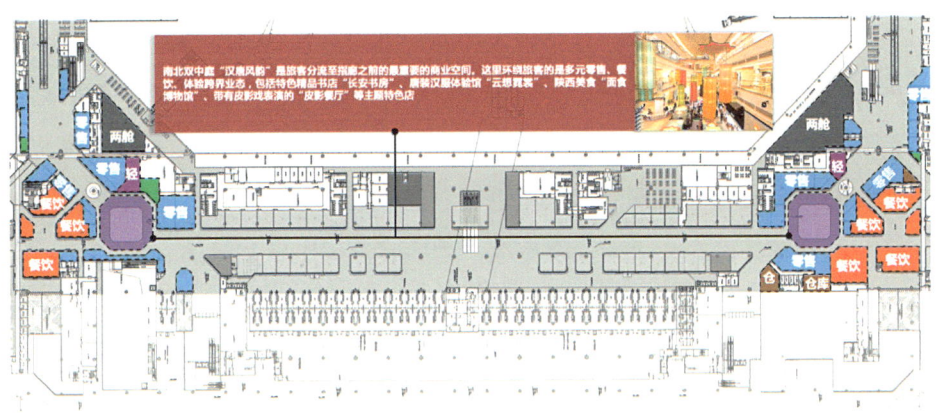

图8-14　T5航站楼二层（7.5m）国内混流候机区"汉唐风韵"商业布局图

图8-15　T5航站楼二层（7.5m）国内混流候机区"汉唐风韵"商业效果图

8.5 小结

本章聚焦 T5 航站楼及综合交通中心，以"文化 + 商业"服务为切入点，运用科学的商业理论和测算工具，从商业定位、项目体量、商业业态、商业布局 4 个方面系统阐述了 T5 航站楼和综合交通中心的商业规划和设计实践。

未来，随着机场综合交通枢纽功能的逐渐强化，机场商业的覆盖范围将不断扩大，机场目标消费客群也将不断增加，现有以"空侧商业为主、陆侧商业为辅"的商业格局将会发生根本转变，以综合交通中心为代表的陆侧商业开发将会成为趋势。因此，在未来的机场改扩建工程中，机场应适度增加陆侧商业规模，结合功能设施布局，可对综合交通中心进行整体商业开发。例如，北京大兴国际机场的第六指廊，总建筑面积 14 万 m^2，与航站楼主楼连通，是停车楼旅客、机场快轨旅客、酒店客户进出航站楼的必经之路，其定位为集商务办公、餐饮零售、展览展示、酒店配套等多功能于一体的机场商务综合体。

参考文献

[1] 中国民用航空局. 中国民航四型机场建设行动纲要（2020—2035 年）[EB/OL].（2020-01-03）[2023-03-17]. https://www.gov.cn/zhengce/zhengceku/2020-03/25/5495472/files/0453adba19d1415a819b4b54452c0214.pdf.

[2] 中国民用航空局. 四型机场建设导则：MH/T 5049—2020[S]. 北京：中国民航出版社，2020.

[3] 中国民用航空局. 人文机场建设指南：MH/T 5048—2020[S]. 北京：中国民航出版社，2020.

[4] 中国民用航空局. 民用机场旅客航站区无障碍设施设备配置技术标准：MH/T 5047—2020[S]. 北京：中国民航出版社，2020.

[5] 中国民用航空局. 民用机场公共信息标识系统设置规范：MH/T 5059—2021[S]. 北京：中国民航出版社，2022.

[6] 中华人民共和国住房和城乡建设部. 城市公共厕所设计标准：CJJ 14—2016[S]. 北京：中国建筑工业出版社，2016.

[7] 张锦秋. 建筑与和谐[J]. 求是，2011（22）：62.

[8] 安军. 机场的城市化发展[J]. 建筑实践，2022（4）：67-71.

[9] 安军，朱晓月. 城市文脉融入现代机场设计[J]. 当代建筑，2020（10）：46-49.

[10] 安军，王刚，刘月超. 长安盛殿、丝路新港——西安咸阳国际机场东航站区规划设计[J]. 工业建筑，2018，48（12）：31-36.

[11] 刘武君. 综合交通枢纽规划[M]. 上海：上海科学技术出版社，2021.

[12] 诺伯舒兹. 场所精神：迈向建筑现象学[M]. 施植明，译. 武汉：华中科技大学出版社，2010.

[13] 勒·柯布西耶. 走向新建筑［M］. 陈志华，译. 西安：陕西师范大学出

版社，2004.

[14] 凯文·林奇. 城市意象 [M]. 方益萍，向晓军，译. 北京：华夏出版社，2001.

[15] 张丰蘩. 加快建立"平安机场、绿色机场、智慧机场、人文机场"标杆体系"四型机场"汇报研讨会在京召开［Ｎ］. 中国民航报，2018-12-31（001）.

[16] 张雯，孙施曼，李博，等. 全面贯彻落实民航基建会议精神努力打造"四个机场"［J］. 民航管理，2018（9）：19-21.

[17] 张敏求，朱建军，陈守明. 未来领先机场管理模式要素研究：对标的视角 [J]. 上海质量，2021（11）：13-16.

[18] 张敏求，陈守明，朱建军，等. 未来机场管理系列研究：面向未来的浦东机场人文机场建设思考 [J] 上海质量，2021（12）：14-16.

[19] 邓伟. 打造人文空港我们始终在路上［Ｎ］. 中国民航报，2018-09-19（001）.

[20] 刘先觉. 美国的航空港 [J]. 世界建筑，1987（1）：13-15.

[21] 布正伟. 时间、空间与航站楼设计的整体概念 [J]. 世界建筑，1987（1）：17-22.

[22] 杨光，黄全乐，林康强，等. 机场候机厅空间设计的文化性研究 [J]. 建筑与文化，2022（9）：41-44.

[23] 郭其轶. 枢纽机场航站楼旅客候机大厅空间形态设计研究——以广州新白云国际机场 T2 航站楼为例 [J]. 建筑技艺，2020，26（10）：112-113.

[24] 王中. 艺术塑造人文机场——北京大兴国际机场公共艺术实践 [J]. 美术研究，2020（3）：58-63.

[25] 潘勇. 广州新白云国际机场室内设计概谈 [J]. 南方建筑，2005（1）：59-61.

[26] 李强. 美国《机场设计标准》的修订及对我国机场建设与运行的启示 [J]. 机场建设，2014（1）：37-40.

[27] 西安市城建地方志编撰委员会. 西安城建系统志 [M]. 西安：西安地图出版社，2000.

[28] 钱国祥. 中国古代汉唐都城形制的演进——由曹魏太极殿谈唐长安城形制的渊源 [J]. 中原文物，2016（4）：34-46.

[29] 郝玲. 大兴机场 人文机场 [J]. 中国质量，2020（3）：49-52.

[30] 付小飞. 以旅客体验为导向——当代大型机场航站楼室内设计 [J]. 建筑技艺，2020，26（11）：106-108.

[31] 安军，张嘉玥. 机场的城市化特征 [J]. 亚太土木工程与建筑期刊，2019，1（4）：26-30.

[32] 林晓宇. 机场航站楼人性化设计原则研究 [J]. 城市建设理论研究（电子版），2012（25）：1-5.

[33] 许天宇. 基于旅客体验的航站楼内部空间多样性设计研究 [D]. 西安：西安建筑科技大学，2020.

[34] 李睿娟. 人性化设计理念在机场航站楼建筑设计中的应用 [J]. 建筑·建材·装饰，2018（19）：192.

[35] 杨立峰. 大型机场航站区陆侧道路交通组织与规划研究 [J]. 交通与运输（学术版），2018（1）：1-5.

[36] 杨杰. 机场车道边设计要点及运行特性分析 [J]. 中外建筑，2015（7）：129-132.

[37] 布鲁诺·赛维. 建筑空间论：如何品评建筑 [M]. 张似赞，译. 北京：中国建筑工业出版社，2006.

[38] 柯林·罗，罗伯特·斯拉茨基. 透明性 [M]. 金秋野，王又佳，译. 北京：中国建筑工业出版社，2023.

[39] 李诫. 合校本营造法式 [M]. 北京：中国建筑工业出版社，2020.

[40] 中国民用航空局运输司，中国民航科学技术研究院. 中国民航"无纸化"便捷出行发展报告 [R]. 北京：中国民用航空局运输司，中国民航科学技术研究院，2021.

后 记

——打造"有温度、有灵魂"的未来机场

在日新月异的现代化进程中，机场作为城市的重要空中门户，其作用早已超越了单纯的交通功能，而成了展现城市文化、提升旅客出行体验的重要场所。打造"有温度、有灵魂"的未来现代化机场，正是对建设"四型机场"中的人文机场的建设内涵与意义的深刻阐述，也是机场建设的最终目标。

回望过去，在文化层面的人文主义而言，相较于西方文艺复兴、启蒙运动的人文关怀精神，华夏文明以"人"为本的思想古已有之，早在《易经》中就得以体现，其"文明以止，人文也""观乎人文，以化成天下"以及孔子所倡导的"仁爱""民本"等的人文思想早已融入我们的文化基因中，中华大地拥有人文精神全面发展的丰饶土壤。20世纪我们对西方文化的广泛接受经由经济与科技层面发端，然而时至今日我们已开始了从"西体中用"到"文化自信"的全面蜕变。随着对西方文化的去魅与传统文化主体的回归，机场建设的人文理念也逐渐被唤醒，当代中国的机场也不再仅仅作为旅客与交通工具的集散地，更应是文化彰显与交流融合的典范，是悠久华夏文明活态展示的生动场景。"机场美学"的定义也应从"新、奇、特"，转向由内而外的地域文化表达，使文化彰显赋予机场建设以"灵魂"。

随着第二次世界大战后期相关技术的快速进步，航站楼进入了成熟发展时期，在此背景下机场的建设往往侧重于流程功能和结构技术的实现，其虽能满足旅客的基本出行的效率需求，却往往缺乏对人情感的细腻关怀。机场作为交通建筑，追求效率虽是基本要求，在当代社会人们物质生活水平及精神需求不断提高、工作压力与生活节奏日益增加的背景下，更多地要关注旅客的出行体验感受，在旅客实现快捷出行的同时，也能在身心上充分感受到人性的关怀。它要求机场在设计中融入高情感、高舒适度、高智慧、高体验性的人性化设计，要求我们在效率与体验、空间与美学、流程与服务之间寻

找平衡，让机场服务与旅客共频、共情，使其在匆忙的旅途中也能感受到家的温暖，这些人文关怀同样赋予了机场建设以"温度"。

面向未来，打造"有温度、有灵魂"的机场，不仅是民用机场现阶段高质量发展的目标和追求，更是未来机场航站楼建设的核心与方向。在"人文机场"的建设实践中，不仅要注重机场硬件设施完善，更要注重机场的文化内涵和人性化建设，让机场成为连接城市与世界的桥梁和纽带，成为展现城市文化、提升旅客体验的重要场所。随着国家经济的崛起以及中华文化的复兴，机场航站楼也不应再仅仅是具有航空交通功能和建筑形象的"城市门户"，而更应被定义为承载对外文化沟通交流、推动区域经济协同发展、焕发地域独特文化魅力的"共享客厅"，创造"有温度、有灵魂"的现代化机场。

西安咸阳国际机场三期扩建工程于2020年7月破土动工，目前项目已进入建设尾声，东航站区T5航站楼和综合交通中心也即将竣工并投运。为将前期工程建设工作中产生的先进经验、有价值的做法推广，更好指导后续机场建设发展，相关的系列著作编撰工作也如期展开。作为系列著作的"人文篇"，本书由西部机场集团机场建设指挥部牵头，由中国建筑西北设计研究院机场设计研究中心组织编写，并联合西安建筑科技大学建筑学院一同完成。一年来，在本书编著过程中，编撰人员从城市的发展中挖文化、聚精神，在航站楼的演变中探历史、理脉络，从航空服务中寻情感、升温度、于建筑设计中究细节、提品质。大家查阅了理论书籍、管理资料、工程图纸、汇报文件等千余份，走访工程师百余名，组织各类研讨会十余次，几经打磨终成此稿。

图书在版编目（CIP）数据

人文机场研究与西安实践/杨鸥，安军，林宾编著.

北京：中国建筑工业出版社，2024.12. —— ISBN 978-7-
112-30700-5

Ⅰ.TU248.6

中国国家版本馆 CIP 数据核字第 2024XQ7427 号

责任编辑：张文胜
文字编辑：赵欧凡
责任校对：赵 力

人文机场研究与西安实践

杨 鸥 安 军 林 宾 编著

*

中国建筑工业出版社出版、发行（北京海淀三里河路 9 号）
各地新华书店、建筑书店经销
北京海视强森图文设计有限公司制版
建工社（河北）印刷有限公司印刷

*

开本：787 毫米 × 1092 毫米 1/16 印张：17 字数：269 千字
2024 年 12 月第一版 2024 年 12 月第一次印刷
定价：**198.00** 元
ISBN 978-7-112-30700-5
（43883）